JN195575

手もとに1冊。
デザイン仕事
の便利帖

Mac & Win 対応

フォトショ と イラレ の
ショートカットキー
事典

& 合わせ技

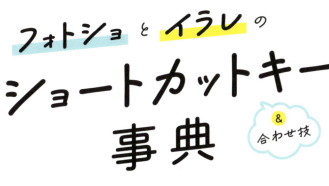

Power Design Inc. 著

インプレス

Introduction
はじめに

皆さんはPhotoshopとIllustratorのショートカットキーを使っていますか？また、使いたいショートカットキーをどのように調べているでしょうか？

近年Adobeソフトをはじめとするデザインツールが次々と普及し、プロ以外の方でも副業や趣味でデザインを始める人が増えてきました。そのため、PhotoshopやIllustratorのノウハウ本は多く発売されています。一方で、これらのツールのショートカットキーに焦点を当てた書籍はほとんどありません。

デザインの現場では、チームで仕事を進めるにあたり「速さ」と「正確さ」は必須となりますが、この2つをバランスよく両立することは初心者でなくともハードルが高いと言えます。その「速さ」と「正確さ」を手っ取り早く実現してくれるのが「ショートカットキー」の活用です。

本書では、PhotoshopとIllustratorのショートカットキーを、実際の操作画面を用いながら猫のキャラクター「ショートキャット」と一緒にご紹介していきます。複数のショートカットキーを組み合わせた「合わせ技」の項目では、実作業のイメージを流れで学ぶことができます。

ショートカットキーをひとつだけ使用しても、効果が感じられないかもしれません。しかし、同じ作業を繰り返し、組み合わせて使用していくことにより、「速さ」や「正確さ」を実感できるようになってくるでしょう。

この本を読めば、デザイン仕事の作業効率がぐんと上がるとともに、「こんな機能もあったんだ」という新たな発見があるかもしれません。皆さまのデザインライフを華やかにするお手伝いができれば幸いです。

2025年2月　Power Design Inc.

About
本書について

本書の特徴

Adobe Photoshop

Adobe Illustrator

Adobe Photoshop（フォトショ）とAdobe Illustrator（イラレ）、またファイルやフォルダ操作で役立つショートカットキー&合わせ技を全382個解説しています。合わせ技では、ショートカットキーとマウス操作を組み合わせることで効率アップするテクニックを紹介しています。
ショートカットキー事典としてはもちろん、フォトショとイラレの機能リファレンスとしても利用しやすい構成になっています。

解説しているソフトのバージョンについて

本書に掲載している内容や機能は2025年2月のものです。パソコンのOSはそれぞれmacOS SonomaとWindows 11、アプリケーションはAdobe CCのPhotoshop 2025、Illustrator 2025で紹介しています。お使いのOSやバージョンによっては画面や機能名が異なることがありますが、可能な限り補足を加えてフォローしています。
OSやアプリケーションのアップデートがあった場合に、本書に記載した説明とは操作が変わってくる可能性があります。あらかじめご了承ください。

印刷して使える 厳選！ショートカットキー一覧 PDF

本書をご購入のみなさまに、『印刷して使える 厳選！ ショートカットキー一覧』（PDFファイル）を提供いたします。A4サイズの用紙に印刷すれば、おすすめのショートカットキーをいつでも参照できます。

https://book.impress.co.jp/books/1124101048

※上記ページの【特典】を参照してください。ダウンロードにはCLUB Impressへの会員登録（無料）が必要です。

本書の紙面構成

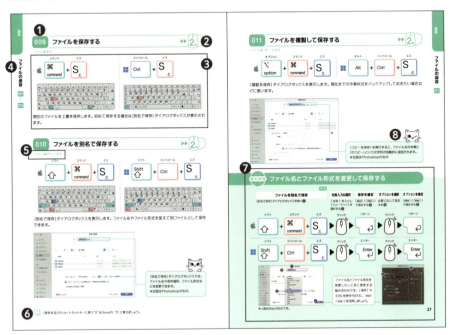

❶ 通し番号
各ショートカットキーに通し番号を振ってあります。目次の番号と照らし合わせてすぐに探せます。

❷ 倍速
その機能をマウス操作で実行した場合のクリック数を表しています。2回のクリックが必要な操作を1回のショートカットキーで実行できる場合、2倍速となります。

❸ ショートカットキー
ショートカットキーの内容説明です。 はMac、 はWindowsのキーを示しています。キーボード全体図があるものは、色でキーの位置を示しています。

❹ このページで紹介している項目&通し番号
このページで紹介している項目と通し番号です。

❺ メニュー遷移
マウス操作の場合のメニュー遷移を示しています。操作の起点がパネルの場合はパネル名とパネル内のメニューを示しています。マウスで操作したい場合の参考にしてください。

❻ MEMO
知っておくと便利なお役立ち情報です。

❼ 合わせ技
ショートカットキーとマウス操作を組み合わせた実践的な操作を紹介しています。

❽ ショートキャット
ショートカットキーを紹介するネコ。アシストをしてくれます。

5

About
キーボードの基礎知識

ショートカットキーを使いこなすために、キーボードの構成から理解すると覚えやすくなります。
ここではPhotoshopとIllustratorを操作するうえで知っておくべき、基本的な構成を紹介します。

Macキーボードのイメージ

文字キー
文字や数字を入力するためのキーです。

特殊キー

文字入力以外の機能をもつキー全般を特殊キーといいます。以下のようなキーがあります。

修飾キー
単独では機能せず、ほかのキーと組み合わせることでさまざまな機能を行います。

❶ ⌘(command) / Ctrl
ショートカットキーの起点となる。

❷ ⇧(shift) / Shift
キーボードの入力文字を切り替える。

❸ option / Alt
ほかに割り当てられた機能に切り替える。

その他
文字入力以外の単独での機能が割り当てられているキーです。

❹ esc / Esc
操作の中断や取り消しをする。

❺ →(tab) / Tab
項目間を移動する。文字入力時は空白を挿入する。

❻ ⌫(delete) / ⌫(BackSpace)
項目を削除する。

❼ ↵(return) / Enter
操作結果の確定やコマンドを実行する。

ファンクションキーについて

ファンクションキーには、パソコンの初期設定でメディアコントロール(再生や停止、音量調整など)やディスプレイの輝度調整機能などが割り当てられている場合があります。その場合、ファンクションキーをPhotoshopやIllustratorのショートカットキーとして機能させるためには fn (Fn)キーを押しながら操作してください(035 、 051 〜 055 、 130 、 148 、 207 、 211 、 237 〜 249 、 254 など)。

JIS配列とUS配列の違い

キーボードの配列には、日本語入力に特化したJIS配列と、英語圏で使用されることの多いUS配列があります。機能以外の見た目の違いとして、Enterキーの形状が大きく異なるという点もあります。本書ではJIS配列で説明をしています。

7

Contents
目次

はじめに ……………………………………………………………… 03

本書について ………………………………………………………… 04

キーボードの基礎知識 ……………………………………………… 06

📘 Chapter 1　基本のショートカットキー …………… 21

選択／コピー／ペースト	001	すべてを選択する	22
	002	コピーする	22
	003	ペーストする	22
カット	004	カットする	23
ファイルの作成／ファイルを開く	005	新規ファイルを作成する	24
	006	ファイルを開く	24
ファイルを閉じる	007	ファイルを閉じる	25
	008	ファイルをすべて閉じる	25
ファイルの保存	009	ファイルを保存する	26
	010	ファイルを別名で保存する	26
	011	ファイルを複製して保存する	27
アプリケーションの終了／プリント	012	Photoshop／Illustratorを終了する	28
	013	プリントする	28
表示サイズの変更	014	ウィンドウの表示領域に合わせて表示する	29
	015	100％サイズで表示する	30
	016	ズームイン表示する	30
	017	ズームアウト表示する	30

🅿️ Chapter 2　Photoshopのショートカットキー ………… 31

設定	018	［環境設定］ダイアログボックスを表示する	32
	019	ファイル情報を表示する	32
	020	［カンバスサイズ］ダイアログボックスを表示する	32
	021	［画像解像度］ダイアログボックスを表示する	33
	022	［カラー設定］ダイアログボックスを表示する	33
	023	キーボードショートカットの設定をする	34
	024	メニューの設定をする	34
ウィンドウを閉じる／隠す	025	作業中以外のすべてのドキュメントを閉じる	35

8

ウィンドウを閉じる／隠す	026 Photoshopを隠す	35
	027 Photoshop以外のアプリケーションを隠す	35
ウィンドウの最小化／Bridgeの起動	028 ウィンドウを最小化する	36
	029 ドキュメントを閉じてBridgeを起動する	36
	030 Bridgeを起動する	36
書き出し	031 ［書き出し形式］ダイアログボックスを表示する	37
	032 ［Web用に保存］ダイアログボックスを表示する	37
	033 選択レイヤーのみPNGとしてクイック書き出しする	38
	034 選択レイヤーのみ書き出す	38
復帰／取り消し／やり直し	035 復帰する	39
	036 取り消す	39
	037 やり直す	39
切り替え／プリント	038 最後の状態を切り替え	40
	039 現在の設定で1部印刷する	40
ヘルプ／グリッド	040 ヘルプを表示する	41
	041 グリッドの表示・非表示を切り替える	41
スナップ／定規／ガイド	042 スナップのオン・オフを切り替える	42
	043 定規の表示・非表示を切り替える	42
	044 ガイドの表示・非表示を切り替える	42
	045 ガイドのロック・ロック解除を切り替える	42
ターゲットパス／エクストラ	046 ターゲットパスの表示・非表示を切り替える	43
	047 エクストラの表示・非表示を切り替える	43
色の校正／色域外警告	048 色の校正を表示する	44
	049 色域外警告を表示する	44
パネルの表示	050 すべてのパネルの表示・非表示を切り替える	45
	051 ［アクション］パネルの表示・非表示を切り替える	45
	052 ［カラー］パネルの表示・非表示を切り替える	46
	053 ［ブラシ設定］パネルの表示・非表示を切り替える	46
	054 ［レイヤー］パネルの表示・非表示を切り替える	47
	055 ［情報］パネルの表示・非表示を切り替える	48
	056 計測ログを表示する	48
レイヤーの作成	057 ［新規レイヤー］ダイアログボックスを表示する	49
	058 新規レイヤーを作成する	49
レイヤーの複製／グループ化	059 レイヤーを複製する	50

9

	060	選択範囲をカットしてレイヤーを作成する	50
	061	レイヤーをグループ化する	50
レイヤーのグループ解除	062	レイヤーのグループを解除する	51
レイヤーの結合	063	レイヤーを結合する	52
	064	表示レイヤーを結合する	52
	065	表示レイヤーを新規レイヤーに結合する	52
レイヤーの表示&非表示／ロック	066	選択しているレイヤーの表示・非表示を切り替える	53
	067	レイヤーをロックする	53
レイヤーの選択／レイヤーの移動	068	すべてのレイヤーを選択する	54
	069	1つ上のレイヤーを選択する	54
	070	1つ下のレイヤーを選択する	54
	071	レイヤーを前面へ移動する	54
レイヤーの移動	072	レイヤーを背面へ移動する	55
	073	レイヤーを最前面へ移動する	55
	074	レイヤーを最背面へ移動する	55
レイヤーの検索／レイヤーの不透明度	075	レイヤーを検索する	56
	076	レイヤーの不透明度を変更する	56
レイヤーの描画モード	077	レイヤーの描画モードを順番に切り替える	57
	078	描画モードを[ディザ合成]にする	57
	079	描画モードを[比較(暗)]にする	57
	080	描画モードを[乗算]にする	58
	081	描画モードを[焼き込みカラー]にする	58
	082	描画モードを[焼き込み(リニア)]にする	58
	083	描画モードを[比較(明)]にする	59
	084	描画モードを[スクリーン]にする	59
	085	描画モードを[覆い焼きカラー]にする	59
	086	描画モードを[覆い焼き(リニア)-加算]にする	60
	087	描画モードを[オーバーレイ]にする	60
	088	描画モードを[ソフトライト]にする	60
	089	描画モードを[ハードライト]にする	61
	090	描画モードを[ビビッドライト]にする	61
	091	描画モードを[リニアライト]にする	61
	092	描画モードを[ピンライト]にする	62

	093	描画モードを[ハードミックス]にする	62
	094	描画モードを[差の絶対値]にする	62
	095	描画モードを[除外]にする	63
	096	描画モードを[色相]にする	63
	097	描画モードを[彩度]にする	63
	098	描画モードを[カラー]にする	64
	099	描画モードを[輝度]にする	64
	100	描画モードを[通常]にする	64
ツール	101	[移動ツール]に切り替える	65
	102	[長方形選択ツール]に切り替える	65
	103	[なげなわツール]に切り替える	65
	104	[オブジェクト選択ツール]に切り替える	66
	105	[切り抜きツール]に切り替える	66
	106	[フレームツール]に切り替える	66
	107	[スポイトツール]に切り替える	67
	108	[スポット修復ブラシツール]に切り替える	68
	109	[ブラシツール]に切り替える	68
	110	[コピースタンプツール]に切り替える	68
	111	[ヒストリーブラシツール]に切り替える	69
	112	[消しゴムツール]に切り替える	69
	113	[グラデーションツール]に切り替える	70
	114	[覆い焼きツール]に切り替える	70
	115	[ペンツール]に切り替える	70
	116	[横書き文字ツール]に切り替える	71
	117	[パスコンポーネント選択ツール]に切り替える	71
	118	[長方形ツール]に切り替える	71
	119	[手のひらツール]に切り替える	72
	120	[手のひらツール]に一時的に切り替える	72
	121	[回転ビューツール]に切り替える	72
	122	[ズームツール]に切り替える	73
	123	[ズームツール]に一時的に切り替える(拡大)	73
	124	[ズームツール]に一時的に切り替える(縮小)	73
	125	クイックマスクモードに切り替える	74

スクリーンモード／描画色と背景色	126	スクリーンモードを変更する	75
	127	フルスクリーンモードを標準スクリーンモードに戻す	75
	128	描画色と背景色を初期設定に戻す	75
	129	描画色と背景色を入れ替える	75
塗りつぶし	130	［塗りつぶし］ダイアログボックスを表示する	76
	131	描画色で塗りつぶす	76
	132	背景色で塗りつぶす	77
透明部分を保持した塗りつぶし	133	透明部分を保持しながら描画色で塗る	78
	134	透明部分を保持しながら背景色で塗る	78
ブラシの調整	135	ブラシの不透明度を変更する	79
	136	前のブラシに変更する	79
	137	次のブラシに変更する	79
	138	ブラシサイズを大きくする	80
	139	ブラシサイズを小さくする	80
	140	ブラシの硬さの％を大きくする	80
	141	ブラシの硬さの％を小さくする	80
いろいろなコピー＆ペースト	142	結合部分をコピーする	81
	143	選択範囲内へペーストする	82
	144	同じ位置にペーストする	82
選択範囲の調整	145	選択を解除する	83
	146	再選択する	84
	147	選択範囲を反転する	84
	148	［境界をぼかす］ダイアログボックスを表示する	85
マスクの作成＆調整	149	選択とマスクのワークスペースに切り替える	86
	150	クリッピングマスクを作成する	86
レイヤーマスク／チャンネルの表示	151	レイヤーマスクを反転する	87
	152	チャンネルを表示する（RGB／CMYK）	87
チャンネルの表示	153	チャンネルを表示する（レッド／シアン）	88
	154	チャンネルを表示する（グリーン／マゼンタ）	88
	155	チャンネルを表示する（ブルー／イエロー）	88
	156	チャンネルを表示する（ブラック）	88
チャンネルの表示／変形	157	アルファチャンネルを表示する（レイヤーマスク）	89
	158	自由変形モードにする	89

変形	159	自由変形を再実行する	90
変形／色調補正	160	コンテンツに応じて拡大／縮小する	91
	161	[レベル補正]ダイアログボックスを表示する	91
色調補正	162	[トーンカーブ]ダイアログボックスを表示する	92
	163	[色相・彩度]ダイアログボックスを表示する	92
	164	[カラーバランス]ダイアログボックスを表示する	93
	165	[白黒]ダイアログボックスを表示する	93
	166	階調の反転をする	94
	167	彩度を下げる	94
	168	自動トーン補正を適用する	95
	169	自動コントラストを適用する	95
色調補正／フェード	170	自動カラー補正を適用する	96
	171	[フェード]ダイアログボックスを表示する	96
フィルター	172	直前に使ったフィルターを再実行する	97
	173	[広角補正]フィルターを表示する	97
	174	Camera Rawフィルターを表示する	98
	175	[レンズ補正]フィルターを表示する	98
	176	[ゆがみ]フィルターを表示する	99
	177	[消点]フィルターを表示する	99
文字の調整	178	フォントサイズを大きくする	100
	179	フォントサイズを小さくする	100
	180	カーニング／トラッキングを大きくする	100
	181	カーニング／トラッキングを小さくする	100
	182	カーニング／トラッキングをリセットする	101
	183	行送りを広くする	101
	184	行送りを狭くする	102
	185	ベースラインを上げる	102
	186	ベースラインを下げる	102
文字の調整／段落の調整	187	垂直比率を100%にリセットする	103
	188	水平比率を100%にリセットする	103
	189	段落を左揃えにする	103
	190	段落を中央揃えにする	103
段落の調整	191	段落を右揃えにする	104

13

| 段落の調整 | 192 | 段落を均等配置にする | 104 |
| | 193 | 段落を両端揃えにする | 104 |

Ai Chapter 3 Illustratorのショートカットキー 105

設定	194	[環境設定]ダイアログボックスを表示する	106
	195	[環境設定]ダイアログボックスの[単位]を表示する	106
	196	[ファイル情報]ダイアログボックスを表示する	106
	197	[ドキュメントの設定]ダイアログボックスを表示する	107
	198	[カラー設定]ダイアログボックスを表示する	107
設定／ファイルの作成	199	キーボードショートカットの設定をする	108
	200	テンプレートから新規ドキュメントを作成する	108
ファイルの配置	201	ファイルを配置する	109
ウィンドウを隠す／最小化／	202	Illustrator以外のアプリケーションを隠す	110
Bridgeを起動	203	ウィンドウを最小化する	110
	204	Bridgeを起動する	110
取り消し／やり直し／ヘルプ	205	取り消す	111
	206	やり直す	111
	207	ヘルプを表示する	111
書き出し	208	[Web用に保存]ダイアログボックスを表示する	112
	209	[スクリーン用に書き出し]ダイアログボックスを表示する	112
パッケージ／スクリプトの実行	210	[パッケージ]ダイアログボックスを表示する	113
	211	スクリプトを実行する	113
ガイドの作成／解除	212	ガイドを作成する	114
	213	ガイドを解除する	114
ガイドの表示／ロック	214	ガイドの表示・非表示を切り替える	115
	215	ガイドのロック・ロック解除を切り替える	115
定規	216	定規の表示・非表示を切り替える	116
	217	アートボード定規に変更する	116
グリッド／透明グリッド	218	グリッドの表示・非表示を切り替える	117
	219	透明グリッドの表示・非表示を切り替える	117
スナップ／遠近グリッド	220	グリッドにスナップする	118

アートボード	221	ポイントにスナップする	118
	222	遠近グリッドの表示・非表示を切り替える	118
	223	アートボードの表示・非表示を切り替える	119
	224	ウィンドウにすべてのアートボードを表示する	119
パフォーマンス／アウトライン&プレビュー表示	225	GPU表示・CPU表示で切り替える	120
	226	アウトライン表示・プレビュー表示を切り替える	120
オーバープリントプレビュー／スマートガイド	227	オーバープリントプレビューに切り替える	121
	228	スマートガイドの表示・非表示を切り替える	121
バウンディングボックス／ピクセルプレビュー	229	バウンディングボックスの表示・非表示を切り替える	122
	230	ピクセルプレビューに切り替える	122
ビューの回転／境界線	231	ビューの回転を初期化する	123
	232	境界線の表示・非表示を切り替える	123
テンプレートレイヤー／グラデーションガイド	233	テンプレートレイヤーの表示・非表示を切り替える	124
	234	グラデーションガイドの表示・非表示を切り替える	124
テキストスレッド／パネルの表示	235	テキストのスレッドの表示・非表示を切り替える	125
	236	すべてのパネルの表示・非表示を切り替える	125
パネルの表示	237	［アピアランス］パネルの表示・非表示を切り替える	126
	238	［カラー］パネルの表示・非表示を切り替える	126
	239	［カラーガイド］パネルの表示・非表示を切り替える	126
	240	［グラデーション］パネルの表示・非表示を切り替える	127
	241	［グラフィックスタイル］パネルの表示・非表示を切り替える	127
	242	［シンボル］パネルの表示・非表示を切り替える	128
	243	［パスファインダー］パネルの表示・非表示を切り替える	128
	244	［ブラシ］パネルの表示・非表示を切り替える	128
	245	［レイヤー］パネルの表示・非表示を切り替える	129
	246	［変形］パネルの表示・非表示を切り替える	129
	247	［属性］パネルの表示・非表示を切り替える	129
	248	［情報］パネルの表示・非表示を切り替える	130
	249	［整列］パネルの表示・非表示を切り替える	130
	250	［文字］パネルの表示・非表示を切り替える	131
	251	［段落］パネルの表示・非表示を切り替える	131
	252	［OpenType］パネルの表示・非表示を切り替える	132
	253	［タブ］パネルの表示・非表示を切り替える	132

パネルの表示／レイヤーの作成	254	[線]パネルの表示・非表示を切り替える	133
	255	[透明]パネルの表示・非表示を切り替える	133
	256	新規レイヤーを作成する	133
	257	[レイヤーオプション]ダイアログボックスを表示する	133
アピアランスの編集	258	アピアランスに新規塗りを追加する	134
	259	アピアランスに新規線を追加する	134
ツールバー	260	[選択]ツールに切り替える	135
	261	[ダイレクト選択]ツールに切り替える	135
	262	[自動選択]ツールに切り替える	136
	263	[なげなわ]ツールに切り替える	136
	264	[ペン]ツールに切り替える	136
	265	[アンカーポイント]ツールに切り替える	137
	266	[アンカーポイントの追加]ツールに切り替える	137
	267	[アンカーポイントの削除]ツールに切り替える	137
	268	[曲線ツール]に切り替える	138
	269	[文字]ツールに切り替える	138
	270	[文字タッチ]ツールに切り替える	138
	271	[直線]ツールに切り替える	139
	272	[長方形]ツールに切り替える	139
	273	[楕円形]ツールに切り替える	139
	274	[ブラシ]ツールに切り替える	140
	275	[塗りブラシ]ツールに切り替える	140
	276	塗りブラシのサイズを拡大する	140
	277	塗りブラシのサイズを縮小する	141
	278	[鉛筆]ツールに切り替える	141
	279	[Shaper]ツールに切り替える	141
	280	[消しゴム]ツールに切り替える	142
	281	[はさみ]ツールに切り替える	142
	282	[回転]ツールに切り替える	142
	283	[リフレクト]ツールに切り替える	143
	284	[拡大・縮小]ツールに切り替える	143
	285	[線幅]ツールに切り替える	143
	286	[ワープ]ツールに切り替える	144

	287	[自由変形]ツールに切り替える	144
	288	[シェイプ形成]ツールに切り替える	144
	289	[ライブペイント]ツールに切り替える	145
	290	[ライブペイント選択]ツールに切り替える	145
	291	[遠近グリッド]ツールに切り替える	145
	292	[遠近図形選択]ツールに切り替える	146
	293	[メッシュ]ツールに切り替える	146
	294	[グラデーション]ツールに切り替える	146
	295	[スポイト]ツールに切り替える	147
	296	[ブレンド]ツールに切り替える	147
	297	[シンボルスプレー]ツールに切り替える	147
	298	[スライス]ツールに切り替える	147
	299	[棒グラフ]ツールに切り替える	148
	300	[アートボード]ツールに切り替える	148
	301	[手のひら]ツールに切り替える	148
	302	[手のひら]ツールに一時的に切り替える	149
	303	[回転ビューツール]に切り替える	149
	304	[ズーム]ツールに切り替える	149
	305	[ズーム]ツールに一時的に切り替える（拡大）	149
ツールバー／描画方法の切り替え	306	[ズーム]ツールに一時的に切り替える（縮小）	150
	307	描画方法を切り替える	150
スクリーンモード	308	スクリーンモードを変更する	151
	309	スクリーンモードを標準スクリーンモードに戻す	151
	310	プレゼンテーションモードに切り替える	151
塗りと線	311	塗りと線を切り替える	152
	312	塗りと線の色を入れ替える	152
	313	塗りと線をカラーに切り替える	153
	314	塗りと線をグラデーションに切り替える	153
	315	塗りなし／線なしに切り替える	153
	316	塗りと線を初期設定に戻す	153
いろいろなコピー&ペースト	317	前面へペーストする	154
	318	背面へペーストする	154
	319	同じ位置にペーストする	154

17

いろいろなコピー&ペースト	320 すべてのアートボードにペーストする	155
いろいろなコピー&ペースト／選択	321 書式なしでペーストする	156
	322 現在作業中のアートボード上のすべてを選択する	156
選択	323 選択を解除する	157
	324 再選択する	158
	325 前面にあるオブジェクトを選択する	158
	326 背面にあるオブジェクトを選択する	158
オブジェクトのグループ	327 オブジェクトをグループ化する	159
	328 オブジェクトのグループを解除する	159
オブジェクトのロック	329 オブジェクトをロックする	160
	330 オブジェクトのロックを解除する	160
オブジェクトを隠す／表示／移動	331 オブジェクトを隠す	161
	332 オブジェクトを表示する	161
	333 オブジェクトを移動する	161
オブジェクトの変形	334 ［個別に変形］ダイアログボックスを表示する	162
	335 変形を繰り返す	162
オブジェクトの重ね順	336 選択したオブジェクトを前面へ移動する	163
	337 選択したオブジェクトを背面へ移動する	163
オブジェクトの重ね順／クリッピングマスク	338 選択したオブジェクトを最前面に移動する	164
	339 選択したオブジェクトを最背面に移動する	164
	340 クリッピングマスクを作成する	164
クリッピングマスク	341 クリッピングマスクを解除する	165
パスの編集	342 パスを連結する	166
	343 ［平均］ダイアログボックスを表示する	166
	344 複合パスを作成する	167
	345 複合パスを解除する	167
ブレンド	346 オブジェクトをブレンドする	168
	347 ブレンドを解除する	168
ワープ／エンベロープメッシュ	348 ［ワープオプション］ダイアログボックスを表示する	169
	349 ［エンベロープメッシュ］ダイアログボックスを表示する	169
エンベロープ／ライブペイント	350 エンベロープをほかのオブジェクト形状で適用する	170
	351 ライブペイントグループを作成する	170
パターン／生成ベクター	352 ［パターンオプション］パネルを表示する	171

パターン／生成ベクター	353	[生成ベクター]ダイアログボックスを表示する	171
効果	354	前回の効果を適用する	172
	355	前回設定した効果のダイアログボックスを表示する	172
文字の調整	356	制御文字を表示する	173
	357	フォントサイズを大きくする	173
	358	フォントサイズを小さくする	174
	359	カーニング／トラッキングを大きくする	174
	360	カーニング／トラッキングを小さくする	174
	361	カーニング／トラッキングをリセットする	174
	362	行送りを広くする	175
	363	行送りを狭くする	176
	364	ベースラインを上げる	176
	365	ベースラインを下げる	176
	366	EMスペースを挿入する	177
	367	ENスペースを挿入する	177
	368	細いスペースを挿入する	177
	369	任意ハイフンを挿入する	178
	370	[スペルチェック]ダイアログボックスを表示する	178
	371	文字をアウトライン化する	178
段落の調整	372	段落を左揃えにする	179
	373	段落を中央揃えにする	180
	374	段落を右揃えにする	180
	375	段落を均等配置にする	180
	376	段落を両端揃えにする	181
コピー／ペースト／フォルダの作成	377	コピーする	182
	378	ペーストする	182
	379	新規フォルダを作成する	182
検索／削除／アプリケーションの切り替え	380	検索する	183
	381	削除する	183
	382	アプリケーションを切り替える	183

19

合わせ技
- 全項目を選択してコピー&ペースト ... 23
- ファイル名とファイル形式を変更して保存する ... 27
- 作業を終了するときの組み合わせ ... 29
- 不要なレイヤーをまとめて削除する ... 47
- ちらばったレイヤーをまとめてグループ化する ... 51
- 画像の背景を切り抜く ... 67
- スポット修復ブラシで画像の不要なものを消す ... 69
- クイックマスクモードで選択範囲を調整する ... 74
- 画像の色を抽出して塗りつぶす ... 77
- テキスト入力と色変更 ... 78
- ブラシのタッチを調整する ... 81
- 選択範囲内に別の画像をペーストする ... 83
- 境界線をぼかしたオブジェクトを作成する ... 85
- 直前に行った変形を別のオブジェクトに適用させる ... 90
- 複数のファイルをまとめて配置する ... 109
- ガイドを一部分だけ削除する ... 115
- アピアランスを使って文字に線を付ける ... 127
- 複数のオブジェクトを均等に整列する ... 130
- クリッピングマスクに追加オブジェクトをペーストする ... 135
- 作業中、一時的に画面を拡大や縮小したいとき ... 150
- すべてのアートボードに同じオブジェクトをペーストする ... 155
- 書式をコピー先に揃えてペーストする ... 157
- オブジェクトを同じ距離と角度で移動する ... 163
- 指定の形状でクリッピングマスクを作成する ... 165
- 文字サイズと行送りを一気に調整する ... 175
- ページ全体の文字をまとめてアウトライン化する ... 179
- 段落の揃えを変更する ... 181

Photoshopのメニュー 一覧 ... 184
Illustratorのメニュー 一覧 ... 186
Photoshopの主なパネル ... 188
Illustratorの主なパネル ... 189
索引 ... 190

Chapter 1

Photoshop & Illustrator
基本の
ショートカットキー

Chapter 1では、Photoshop & Illustratorを始める際に覚えておきたい、両方のアプリケーションで使用できる基本的なショートカットキーを紹介します。

001 すべてを選択する

Photoshop：選択範囲▶すべてを選択 ／ Illustrator：選択▶すべてを選択

アートボード上のオブジェクト（Illustrator）やカンバス全体（Photoshop）を選択します。

オブジェクトなどの選択以外にも、テキストボックス内の文章を別の書類にペーストするときなど、選択漏れを防止するためにも全選択のキーは有効です。
※左図はIllustratorのもの

002 コピーする

編集▶コピー

選択した内容をコピーします。コピーのあとでペースト 003 を行うと複製されます。

003 ペーストする

編集▶ペースト

コピー 002 やカット 004 した内容を貼り付けます。

22　［コピーする］の"C"はCopyの"C"と覚えましょう。

004 カットする

編集 ▶ カット

選択した内容を切り取ります。切り取ったあとでペースト 003 を行うと内容が移動します。

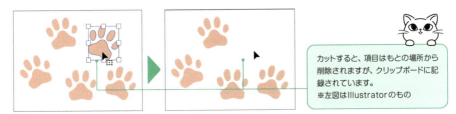

カットすると、項目はもとの場所から削除されますが、クリップボードに記録されています。
※左図はIllustratorのもの

合わせ技 全項目を選択してコピー&ペースト

001 すべてを選択する	002 コピーする	003 ペーストする
コピーしたいオブジェクトをすべて選択する❶		任意の場所に貼り付ける❷

作業中のデータから別のデータにすべてペーストするときに使う組み合わせです。左図のようなオブジェクト以外でも、ファイルやフォルダ、テキストなどさまざまなものを対象に使えます。

※上図はIllustratorのもの

005 新規ファイルを作成する

ファイル▶新規

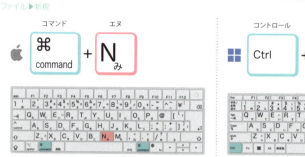

[新規ドキュメント] ダイアログボックスが開き、新規ファイルを作成できます。このダイアログボックスでは、ファイル名やカンバスサイズ、解像度などをあらかじめ設定できます。

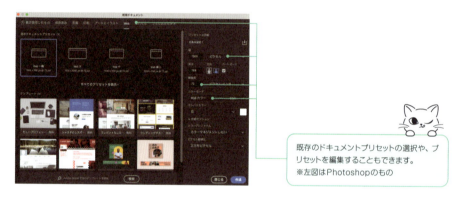

既存のドキュメントプリセットの選択や、プリセットを編集することもできます。
※左図はPhotoshopのもの

006 ファイルを開く

ファイル▶開く

現在使用中のアプリケーションで [開く] ダイアログボックスを表示します。

[新規ファイルを作成する]の"N"はNewの"N"、[ファイルを開く]の"O"はOpenの"O"と覚えましょう。

007 ファイルを閉じる

ファイル▶閉じる

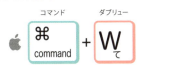 

現在表示しているファイルを閉じます。保存していない場合、確認のメッセージが表示されます。

008 ファイルをすべて閉じる

ファイル▶すべてを閉じる

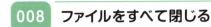

現在使用中のアプリケーションで開いているすべてのファイルを閉じます。

このように、複数のファイルが開いている場合、ファイルを1つずつ閉じることなく、まとめて閉じることができます。
※左図はPhotoshopのもの

25

009 ファイルを保存する

ファイル▶保存

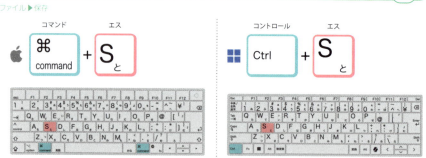

現在のファイルを上書き保存します。初めて保存する場合は[別名で保存]ダイアログボックスが表示されます。

010 ファイルを別名で保存する

ファイル▶別名で保存

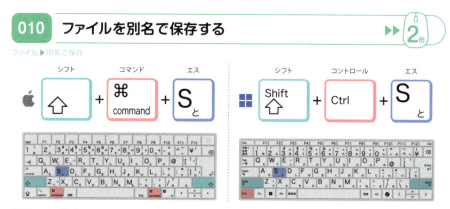

[別名で保存]ダイアログボックスを表示します。ファイル名やファイル形式を変えて別ファイルとして保存できます。

[別名で保存]ダイアログボックスでは、ファイル名や保存場所、ファイル形式などを変更できます。
※左図はPhotoshopのもの

[保存する]のショートカットキーに使う"S"はSaveの"S"と覚えましょう。

011 ファイルを複製して保存する

ファイル ▶ コピーを保存

[複製を保存]ダイアログボックスを表示します。現在までの作業状況をバックアップしておきたい場合などに使います。

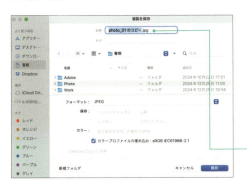

[コピーを保存]を実行すると、ファイル名の末尾に「のコピー」という文字列が自動的に追加されます。
※左図はPhotoshopのものです。

合わせ技 ファイル名とファイル形式を変更して保存する

ファイルを別名で保存	名称入力&選択	保存を確定	オプションを選択	オプションを確定
[別名で保存]ダイアログボックスを開く❶	[名称]を入力し[フォーマット]を選択する❷	return (Enter)で確定する❸	必要に応じて設定する❹	return (Enter)で確定する❺

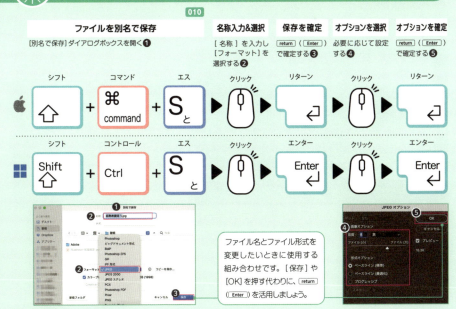

ファイル名とファイル形式を変更したいときに使用する組み合わせです。[保存]や[OK]を押す代わりに、return (Enter) を活用しましょう。

※上図はMacのものです。

012 Photoshop / Illustratorを終了する

Mac：Photoshop▶Photoshopを終了
　　　Illustrator　▶Illustratorを終了

Windows：ファイル▶終了

 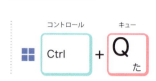

現在のアプリケーションを終了します。保存していない場合、確認のメッセージが表示されます。

013 プリントする

ファイル▶プリント

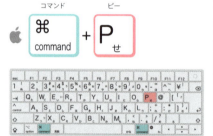 

［プリント設定］ダイアログボックス（Photoshop）／［プリント］ダイアログボックス（Illustrator）を表示します。

ダイアログボックスでプリンターの選択やプリント部数の入力をします。設定が決定したら［プリント］ボタンをクリックして実行します。
※左図はPhotoshopのもの

28 ［プリントする］の"P"はPrintの"P"と覚えましょう。

014 ウィンドウの表示領域に合わせて表示する

Photoshop：表示▶画面サイズに合わせる ／ Illustrator：表示▶アートボードを全体表示

ウィンドウの表示領域に合わせて全体を表示します。カンバスやアートボード全体を俯瞰したい場合に便利です。

実際のサイズに関わらず、ウィンドウサイズに合う最大サイズで画像が表示されます。
※右図はPhotoshopのもの

合わせ技 作業を終了するときの組み合わせ

※上図はMacのものです。

保存→閉じる→終了、の3点セットで覚えましょう！

29

015 100%サイズで表示する

Photoshop：表示▶100%、　Illustrator：表示▶100%表示

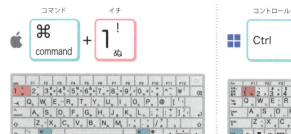

ドキュメントを100%サイズで表示します。作業中のドキュメントを、原寸で確認したい場合に使います。

原寸で表示するため、画像サイズによっては表示領域に収まらない場合があります。表示領域に収めたい場合は 014 の操作をしましょう。
※左図はPhotoshopのもの

016 ズームイン表示する

表示▶ズームイン

カンバスやアートボードの現在の表示範囲を拡大します。

017 ズームアウト表示する

表示▶ズームアウト

カンバスやアートボードの現在の表示範囲を縮小します。

Chapter 2

Photoshopの
ショートカットキー

Chapter 2では、Photoshopのメニュー、ツールバー、各パネルから行うことのできる操作のショートカットキーを紹介します。Photoshopでよく使用するペイントや画像補正に関連する項目も複数紹介していますので、実践して覚えていきましょう。

018 [環境設定]ダイアログボックスを表示する ▶▶▶ 3倍

Mac：Photoshop2025 ▶ 設定 ▶ 一般　　　　　Windows：編集 ▶ 環境設定 ▶ 一般

[環境設定]ダイアログボックスの[一般]を表示します。

019 ファイル情報を表示する ▶▶ 2倍

ファイル ▶ ファイル情報

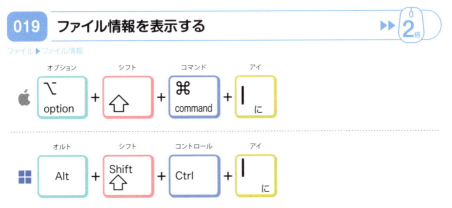

ファイルのメタデータの確認や編集を行うウィンドウを表示します。

020 [カンバスサイズ]ダイアログボックスを表示する ▶▶ 2倍

イメージ ▶ カンバスサイズ

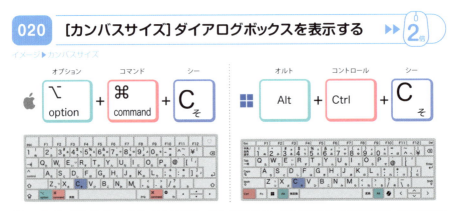

[カンバスサイズ]ダイアログボックスを表示します。現在のカンバスの縦横サイズの変更と、変更の基準位置などを設定できます。

021 ［画像解像度］ダイアログボックスを表示する

イメージ▶画像解像度

［画像解像度］ダイアログボックスを表示します。カンバスの幅と高さ、解像度をそれぞれ設定できます。

幅、高さの数値入力の際、［縦横比を固定］をクリックして入力すると、幅か高さどちらか一方の数値に合わせて縦横比を固定した数値が自動で入力されます。

022 ［カラー設定］ダイアログボックスを表示する

編集▶カラー設定

［カラー設定］ダイアログボックスを表示します。カラーマネジメントが必要な場合、ここから設定できます。

初期設定では「一般用-日本2」が選択され、RGBとCMYKのカラーが標準的なカラープロファイルで設定されています。

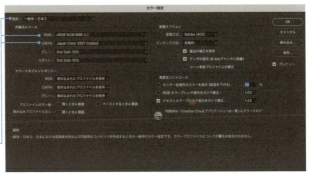

023 キーボードショートカットの設定をする

編集 ▶ キーボードショートカット

［キーボードショートカットとメニュー］ダイアログボックスを表示します。メニューコマンドやツールごとに、各機能とショートカットキーの割り当てを設定できます。

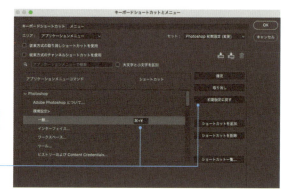

キーボードショートカットとメニュー設定の内容確認や、変更などができます。変更をしたいショートカットをクリックすると編集ができるので割り当てたいショートカットを入力しましょう。［初期設定に戻す］ボタンで元に戻すことができます。

024 メニューの設定をする

編集 ▶ メニュー

［キーボードショートカットとメニュー］ダイアログボックスの［メニュー］タブを表示します。［メニュー］から［アプリケーションメニュー］と［パネルメニュー］を切り替えて、それぞれの表示内容をカスタマイズできます。

025 作業中以外のすべてのドキュメントを閉じる

ファイル▶その他を閉じる

作業中のドキュメント以外の開いているドキュメントをすべて閉じます。保存していない場合、確認のメッセージが表示されます。

026 Photoshopを隠す

Photoshop2025▶Photoshopを隠す

Mac版のPhotoshopでのみメニューが表示されます。

ワークスペースが非表示になります。アプリケーションを終了しなくても、画面から隠せる機能です。Dock内のアプリケーションアイコンをクリックすれば、再び表示されます。

027 Photoshop以外のアプリケーションを隠す

Photoshop2025▶他を隠す

Mac版のPhotoshopでのみメニューが表示されます。

Photoshop以外のアプリケーションを画面上から一時的に隠します。ほかのアプリケーションに切り替えると、表示が元に戻ります。

028 ウィンドウを最小化する

ウィンドウ ▶ アレンジ ▶ 最小化

Mac版のPhotoshopでのみメニューが表示されます。

PhotoshopのウィンドウをMac最小化し、Dockに格納します。

029 ドキュメントを閉じてBridgeを起動する

ファイル ▶ 閉じてBridgeを起動

現在のドキュメントを閉じてAdobe Bridgeを起動します。

030 Bridgeを起動する

ファイル ▶ Bridgeで参照

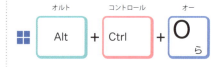

Adobe Bridgeを起動します。

Adobe Bridgeはファイル管理や書き出しが行えるアプリケーションです。ビューワーとして使えるほか、画像ファイルをコンタクトシートとして出力することもできます。

031 [書き出し形式]ダイアログボックスを表示する

ファイル▶書き出し▶書き出し形式

[書き出し形式]ダイアログボックスを表示します。書き出すファイル形式、画像サイズ、カンバスサイズなどを設定できます。

> 書き出す形式はJPEG、PNG、GIFから選択できます。画像サイズや縦横比の設定、メタデータの編集も行えます。

032 [Web用に保存]ダイアログボックスを表示する

ファイル▶書き出し▶Web用に保存(従来)

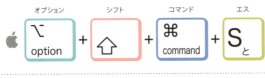

[Web用に保存]ダイアログボックスを表示します。Webページでの表示に最適な形式に変換できます。Webページに載せる場合の転送速度などを参考にしながら、最適な形式で保存が行えます。

033 選択レイヤーのみPNGとしてクイック書き出しする

レイヤー ▶ PNGとしてクイック書き出し　　※Windowsでショートカットキーが機能しない場合は、メニューから操作してください。

ファイル拡張子にpngが付いた状態で［保存］ダイアログボックスを表示します。選択中のレイヤーをPNG形式で書き出せます。

保存後のファイル名はレイヤー名がそのまま適用されます。

034 選択レイヤーのみ書き出す

レイヤー ▶ 書き出し形式　　※Windowsでショートカットキーが機能しない場合は、メニューから操作してください。

［書き出し形式］ダイアログボックスを表示し、現在選択中のレイヤーのみ書き出せます。

［書き出し形式］と同じダイアログボックスが表示されますが、選択したレイヤーごとに書き出すことができます。

035 復帰する ▶▶ 2倍

ファイル▶復帰

最後に保存した状態に戻します。復帰する前の状態に戻す場合は、［編集］メニューの［復帰の取り消し］、command（Ctrl）＋Zを押します。

036 取り消す ▶▶ 2倍

編集▶取り消し

最後に行った操作を取り消し、直前の状態に戻します。元に戻せる回数は［環境設定］ダイアログボックスの［パフォーマンス］の［ヒストリー数］で設定できます。

037 やり直す ▶▶ 2倍

編集▶やり直し

取り消しした操作をやり直します。

038 最後の状態を切り替え

編集 ▶ 最後の状態を切り替え

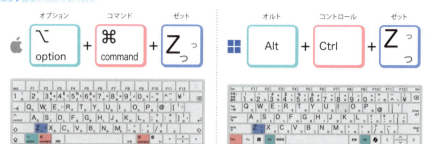

操作を取り消した状態とやり直した状態を切り替えます。操作前後を切り替えて確認したい場合に便利です。

039 現在の設定で1部印刷する

ファイル ▶ 1部プリント

現在の印刷設定で1部印刷します。印刷設定を確認する場合は、[Photoshopプリント設定]ダイアログボックスを表示します 013 。

040 ヘルプを表示する

ヘルプ ▶ Photoshopヘルプ

[もっと知る]ウィンドウを表示します。直近の操作からヘルプの候補が表示されるほか、項目を検索できます。新機能やチュートリアルの参照などもできます。escキーを押すと終了します。

正確な名称がわからなくても関連項目を多数表示してくれるので、わからないことはヘルプに入力して探してみましょう。

041 グリッドの表示・非表示を切り替える

表示 ▶ 表示・非表示 ▶ グリッド

グリッドの表示・非表示を切り替えます。グリッドの間隔は初期設定では25mmになっています。グリッド色や間隔、分割数は[環境設定]ダイアログボックスの[ガイド・グリッド・スライス]で設定できます。

写真の配置やオブジェクトの整列などにグリッドが表示されていると目安になり作業がしやすくなるので、表示・非表示を切り替えて操作しましょう

Macの機種によってはcommand＋@がOSのショートカットキーに割り当てられているので[システム設定]で変更しましょう。

41

042 スナップのオン・オフを切り替える

表示 ▶ スナップ

スナップのオン・オフを切り替えます。スナップをオンにすると、描画や移動時にマウスポインターがガイドやグリッドなどに吸着します。

043 定規の表示・非表示を切り替える

表示 ▶ 定規

定規の表示・非表示を切り替えます。オンにすると、ワークスペースの左・上に定規が表示されます。

044 ガイドの表示・非表示を切り替える

表示 ▶ 表示・非表示 ▶ ガイド

配置したガイドの表示・非表示を切り替えます。

045 ガイドのロック・ロック解除を切り替える

表示 ▶ ガイド ▶ ガイドをロック

ガイドをロックします。ロック中の場合はロックを解除します。

046 ターゲットパスの表示・非表示を切り替える

表示 ▶ 表示・非表示 ▶ ターゲットパス

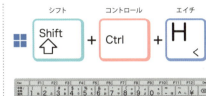

選択中のパスの表示・非表示を切り替えます。

ターゲットパスを表示、または非表示にすることができます。この画像は青ですが、パスの色は環境設定で変更できます。

047 エクストラの表示・非表示を切り替える

表示 ▶ エクストラ

エクストラの表示・非表示を切り替えます。エクストラとはガイド、グリッド、選択範囲の境界線など印刷されない補助線のことです。

Macの場合はアプリケーションを隠すショートカットキーが同じキーに割り当てられているため、操作を選択するメッセージが表示されます。

048 色の校正を表示する

表示 ▶ 色の校正

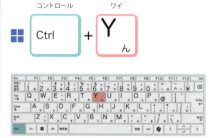

RGBカラーモードで作業中に、印刷時の色味（CMYKカラー）をシミュレーションできます。もう一度押すとRGBカラーモードに戻ります。

印刷時の色味をシミュレーションします。右図がRGBカラーを作業用CMYKで表示した見え方で、ややくすんだ見え方で表示されます。

049 色域外警告を表示する

表示 ▶ 色域外警告

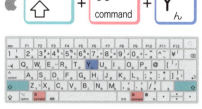

RGBカラーモードで作業中に、印刷では再現できない色の範囲がグレーで表示されます。もう一度押すと元の表示に戻ります。

画像のように、グレーで表示された部分が印刷で再現できない［色域外］ということになります。綺麗に発色できない部分を確認するために使用します。

050 すべてのパネルの表示・非表示を切り替える

パネルの表示・非表示を切り替えます。アートワークのみを確認したい場合に便利です。カンバスの内容のみを確認したい場合に便利です。

上部のメニュー以外のパネルがすべて非表示になります。

051 [アクション]パネルの表示・非表示を切り替える

ウィンドウ ▶ アクション

[アクション]パネルの表示・非表示を切り替えます。

アクションとは、操作を自動化する機能です。プリセットされているほか、自分で操作を記録してアクションとして保存することもできます。

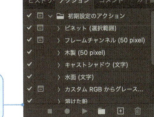

052　［カラー］パネルの表示・非表示を切り替える　▶▶ 2倍

ウィンドウ ▶ カラー

［カラー］パネルの表示・非表示を切り替えます。

左図は色相キューブでの見え方です。表示の種類はパネルメニューより選択ができます。

053　［ブラシ設定］パネルの表示・非表示を切り替える　▶▶ 2倍

ウィンドウ ▶ ブラシ設定

［ブラシ設定］パネルの表示・非表示を切り替えます。

［ブラシ設定］パネルでは、ブラシの太さや角度、真円率、硬さなどを設定できます。

054 ［レイヤー］パネルの表示・非表示を切り替える

ウィンドウ▶レイヤー

［レイヤー］パネルの表示・非表示を切り替えます。

［レイヤー］パネルは初期設定のワークスペースで［チャンネル］パネル、［パス］パネルと合わせて表示されます。［チャンネル］パネルや［パス］パネルで作業時に［レイヤー］パネルに切り替えたい場合に有効です。

合わせ技 不要なレイヤーをまとめて削除する

054

［レイヤー］パネル	連続したレイヤーを選択	離れたレイヤーを選択	削除
［レイヤー］パネルを前面に表示する❶	shift を押しながらレイヤーを選択する❷	command（Ctrl）を押しながらレイヤーを選択する❸	delete（BackSpace）で削除する❹

よく使用するパネルはショートカットを覚えておくと作業がスムーズになります。

055 [情報]パネルの表示・非表示を切り替える

ウィンドウ▶情報

[情報]パネルの表示・非表示を切り替えます。

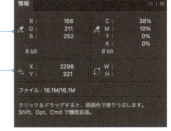

[情報]パネルには、マウスポインターが現在ある位置のカラー情報や座標情報が表示されます。

056 計測ログを表示する

Mac：イメージ▶解析▶計測値を記録

Windowsはショートカットの割り当てがありません。

選択範囲を作成した状態でこのキーを押すと、計測ログが表示されます。計測ログとは、選択範囲の面積や外周といった情報です。

計測ログを表示して、[計測値を記録]をクリックすると、その時点の計測ログが記録されます。

057 [新規レイヤー] ダイアログボックスを表示する

[新規レイヤー] ダイアログボックスを表示します。レイヤー名やカラー、描画モードを設定してからレイヤーを作成したいときに使用します。

レイヤー名の入力、レイヤーパネルのカラー、レイヤーの描画モード、不透明度を設定することができます。

058 新規レイヤーを作成する

新規レイヤーを作成します。[新規レイヤー] ダイアログボックスを表示せず、すばやくレイヤーを追加できます。

現在選択中のレイヤーの上に新規レイヤーが挿入されます。

059 レイヤーを複製する

レイヤー ▶ 新規 ▶ コピーしてレイヤー作成

選択したレイヤーを複製します。

060 選択範囲をカットしてレイヤーを作成する

レイヤー ▶ 新規 ▶ カットしてレイヤー作成

選択範囲をカットして、新規レイヤーに移動します。

061 レイヤーをグループ化する

レイヤー ▶ レイヤーをグループ化

［レイヤー］パネルで選択中のレイヤーをグループ化し、1つのフォルダにまとめます。

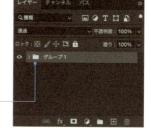

グループ化すると右図のようにフォルダにまとまります。フォルダ名も変更できますので、多くなりやすいレイヤーを整理して作業しましょう。

062 レイヤーのグループを解除する

レイヤー ▶ レイヤーのグループ解除

レイヤーのグループを解除して、元のレイヤーに戻します。

グループと解除はセットで覚えるのニャ！

合わせ技 ちらばったレイヤーをまとめてグループ化する

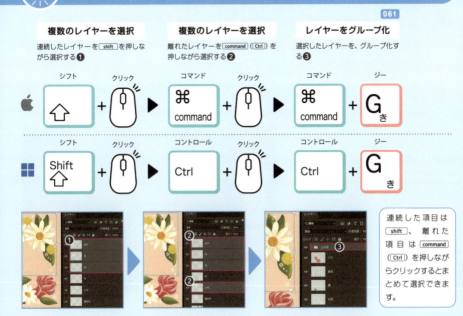

連続した項目は shift 、離れた項目は command (Ctrl)を押しながらクリックするとまとめて選択できます。

063 レイヤーを結合する

レイヤー ▶ レイヤーを結合

選択した複数のレイヤーを、1つのレイヤーに結合します。

064 表示レイヤーを結合する

レイヤー ▶ 表示レイヤーを結合

表示しているすべてのレイヤーを、1つのレイヤーに結合します。

065 表示レイヤーを新規レイヤーに結合する

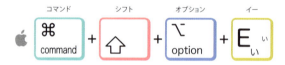

表示しているレイヤーを残したまま、新規で1つのレイヤーにまとめます。複数レイヤーに分かれたオブジェクトをまとめて1つのレイヤーで確認したいときに使用します。

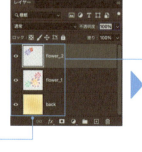

右図の場合は、表示された3つのレイヤーが結合されて、最前面のレイヤーにまとまりました。[レイヤー]パネルをマウスで操作せずに複製と結合をすることができます。

結合をすると元のレイヤーに戻せなくなるので、結合の前に複製の操作を行いましょう。

066 選択しているレイヤーの表示・非表示を切り替える

レイヤー ▶ レイヤーを表示／レイヤーを非表示

選択しているレイヤーの表示・非表示を切り替えます。

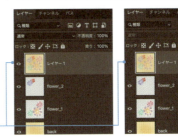

レイヤーの表示・非表示に合わせて、目のアイコンも表示・非表示が切り替わります。

067 レイヤーをロックする

レイヤー ▶ レイヤーをロック

選択したレイヤーをロックします。ロックすると右側に錠アイコンが表示されます。もう一度押すとロックを解除します。

Photoshopでは複数のレイヤーを操作するので、現在の作業に必要ないレイヤーはロックをかけて操作ミスを防ぎましょう。

068 すべてのレイヤーを選択する

選択範囲 ▶ すべてのレイヤー

ドキュメント上のすべてのレイヤーを選択します。

069 1つ上のレイヤーを選択する

表示されたレイヤー内で、選択したレイヤーの1つ上のレイヤーを選択します。1つ下のレイヤーを選択 070 とセットで覚えましょう。

070 1つ下のレイヤーを選択する

表示されたレイヤー内で、選択したレイヤーの1つ下のレイヤーを選択します。1つ上のレイヤーを選択 069 とセットで覚えましょう。

071 レイヤーを前面へ移動する

レイヤー ▶ 重ね順 ▶ 前面へ

選択したレイヤーを、1つ前面へ移動します。

072 レイヤーを背面へ移動する

レイヤー▶重ね順▶背面へ

 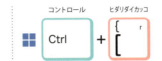

選択したレイヤーを、1つ背面へ移動します。

073 レイヤーを最前面へ移動する

レイヤー▶重ね順▶最前面へ

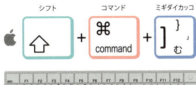 

選択したレイヤーを、最前面へ移動します。

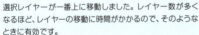

> 選択レイヤーが一番上に移動しました。レイヤー数が多くなるほど、レイヤーの移動に時間がかかるので、そのようなときに有効です。

074 レイヤーを最背面へ移動する

レイヤー▶重ね順▶最背面へ

選択したレイヤーを、最背面へ移動します。

075 レイヤーを検索する

[レイヤー]パネル▶レイヤーを検索

[レイヤー]パネルメニューの[フィルターオプション]が[表示]になっているときに、検索欄にカーソルを表示します。

検索では、名前の検索はもちろん、レイヤーの種類、効果、モード、属性、カラー、スマートオブジェクト、レイヤーの状態でフィルターをかけて検索ができます。

076 レイヤーの不透明度を変更する

[レイヤー]パネル▶不透明度

数字キーで0~100までの数値を入力するとレイヤーの不透明度が変更されます。たとえば65%にしたい場合は65と数字キーを入力します。

ブラシツール、コピースタンプツール、ヒストリーブラシツール、消しゴムツール、グラデーションツール、ぼかしツール、覆い焼きツールと、それぞれに含まれるサブツールを選択しているときは適用されません。

レイヤーの不透明度と描画モードのショートカットキーは、ペイントツールが選択されているときはレイヤーに適用されず、ペイントツールの[不透明度(または流量など)]／[モード]に適用されます。

077 レイヤーの描画モードを順番に切り替える

[レイヤー]パネル▶描画モード

レイヤーの描画モードを変更します。下図の描画モードに記載されている順番通りに切り替わります。 `shift`+-(ハイフン)で表示の逆順に切り替わります。

ペイントツールのなかで、[描画モード]の設定があるツールを選択していると適用されません。ペイントツールに設定のない[描画モード]を選択したときはレイヤーに適用されます。色の置き換えツール、混合ブラシツール、消しゴムツールは、[描画モード]の設定がないので、それらのツールを選択しているときは、レイヤーに適用されます。

078 描画モードを[ディザ合成]にする

[レイヤー]パネル▶描画モード▶ディザ合成

ディザ合成モードでレイヤーを合成します。ディザ合成とは少ない色数で描画するモードで、上のレイヤーの不透明度に応じてピクセルが欠けた状態で下のレイヤーと合成されます。

079 描画モードを[比較(暗)]にする

[レイヤー]パネル▶描画モード▶比較(暗)

比較(暗)モードでレイヤーを合成します。比較(暗)モードでは、上下のレイヤーを比較し、RGB値の小さいほうを適用して合成します。

080 描画モードを[乗算]にする

[レイヤー]▶パネル▶描画モード▶乗算

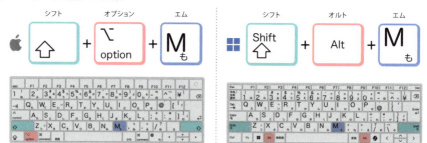

乗算モードでレイヤーを合成します。乗算モードでは、上下のレイヤーのRGB値をかけ合わせたような効果が得られます。

081 描画モードを[焼き込みカラー]にする

[レイヤー]▶パネル▶描画モード▶焼き込みカラー

焼き込みカラーモードでレイヤーを合成します。焼き込みカラーモードでは、下のレイヤーの色を暗くして、上のレイヤーの色によってコントラストが強調されます。

082 描画モードを[焼き込み(リニア)]にする

[レイヤー]▶パネル▶描画モード▶焼き込み(リニア)

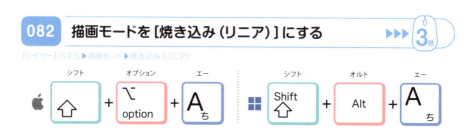

焼き込み(リニア)モードでレイヤーを合成します。焼き込み(リニア)モードでは、合成した部分のうち、白を除く範囲が全体的に暗くなります。

083 描画モードを[比較(明)]にする ▶▶▶ 3倍

[レイヤー]パネル▶描画モード▶比較(明)

比較(明)モードでレイヤーを合成します。比較(明)モードでは、上下のレイヤーを比較し、RGB値の大きいほうを適用して合成します。

084 描画モードを[スクリーン]にする ▶▶▶ 3倍

[レイヤー]パネル▶描画モード▶スクリーン

スクリーンモードでレイヤーを合成します。スクリーンモードでは、黒い部分は反映されず、白い部分はより白くなります。そのため全体として明るい色合いになります。

085 描画モードを[覆い焼きカラー]にする ▶▶▶ 3倍

[レイヤー]パネル▶描画モード▶覆い焼きカラー

覆い焼きカラーモードでレイヤーを合成します。白い部分はより白くなり、黒い部分は反映されません。

086 描画モードを[覆い焼き(リニア)-加算]にする ▶▶▶ 3倍

[レイヤー]パネル ▶ 描画モード ▶ 覆い焼き(リニア) - 加算

覆い焼き(リニア)モードでレイヤーを合成します。[覆い焼きカラー]よりもリニア(連続的)に全体が明るくなります。

087 描画モードを[オーバーレイ]にする ▶▶▶ 3倍

[レイヤー]パネル ▶ 描画モード ▶ オーバーレイ

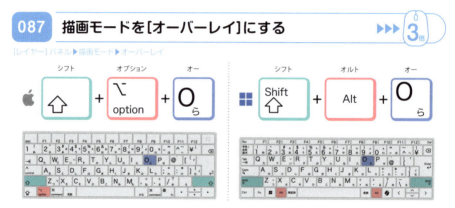

オーバーレイモードでレイヤーを合成します。下のレイヤーを基準に、暗い色は暗く、明るい色は明るくなり、コントラストは強くなります。

088 描画モードを[ソフトライト]にする ▶▶▶ 3倍

[レイヤー]パネル ▶ 描画モード ▶ ソフトライト

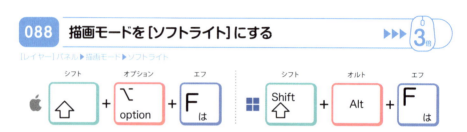

ソフトライトモードでレイヤーを合成します。上のレイヤーを基準に、暗い部分は暗く、明るい部分は明るくなりますが、[オーバーレイ]よりコントラストは弱まります。

写真をフィルムから印画紙に焼き込みする際、印画紙を紙などで覆って光を当てる量を少なくするのが「覆い焼き」です。

089 描画モードを[ハードライト]にする

[レイヤー]パネル▶描画モード▶ハードライト

ハードライトモードでレイヤーを合成します。上のレイヤーを基準に、暗い部分は暗く、明るい部分は明るくなります。[オーバーレイ]よりコントラストが強くなります。

090 描画モードを[ビビッドライト]にする

[レイヤー]パネル▶描画モード▶ビビッドライト

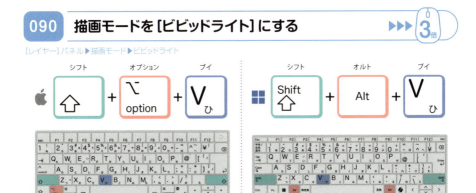

ビビッドライトモードでレイヤーを合成します。上のレイヤーを基準に、暗い部分はコントラストを上げて画像を暗く、明るい部分はコントラストを下げて明るくします。

091 描画モードを[リニアライト]にする

[レイヤー]パネル▶描画モード▶リニアライト

リニアライトモードでレイヤーを合成します。上のレイヤーを基準に、暗い部分はコントラストを上げて画像を暗く、明るい部分はコントラストを下げて明るくしますが、[ビビットライト]よりコントラストは弱くなります。

092 描画モードを[ピンライト]にする

[レイヤー]パネル▶描画モード▶ピンライト

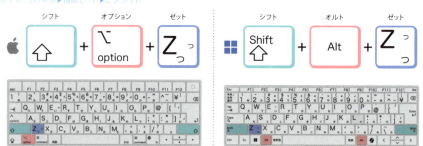

ピンライトモードでレイヤーを合成します。上のレイヤーのカラーに合わせてカラーが置き換わります。

093 描画モードを[ハードミックス]にする

[レイヤー]パネル▶描画モード▶ハードミックス

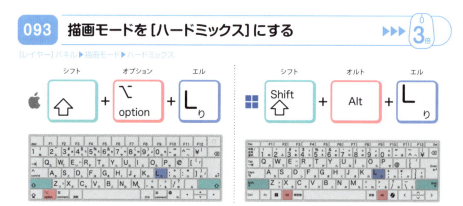

ハードミックスモードでレイヤーを合成します。上のレイヤーのカラーのRGB値を、下のレイヤーのRGB値に追加するので原色のようなカラーに合成されます。

094 描画モードを[差の絶対値]にする

[レイヤー]パネル▶描画モード▶差の絶対値

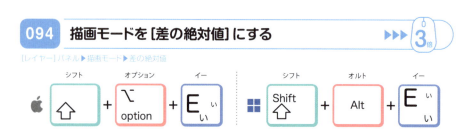

差の絶対値モードでレイヤーを合成します。上のレイヤーと下のレイヤーの明るさを比較して合成します。比較した結果は階調が反転されたような見え方になります。

095 描画モードを[除外]にする ▶▶▶

[レイヤー]パネル▶描画モード▶除外

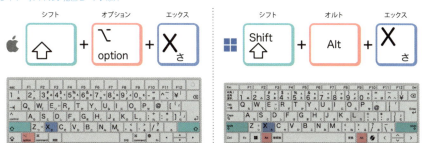

除外モードでレイヤーを合成します。[差の絶対値]とほぼ同じ結果になりますが、こちらのほうが少しコントラストが弱まります。

096 描画モードを[色相]にする ▶▶▶

[レイヤー]パネル▶描画モード▶色相

色相モードでレイヤーを合成します。下のレイヤーの輝度と彩度と、上のレイヤーの色相で合成します。

097 描画モードを[彩度]にする ▶▶▶

[レイヤー]パネル▶描画モード▶彩度

彩度モードでレイヤーを合成します。下のレイヤーの輝度と色相と、上のレイヤーの彩度で合成します。

098 描画モードを[カラー]にする

[レイヤー]パネル ▶ 描画モード ▶ カラー

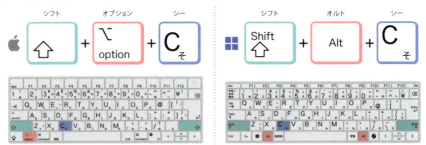

カラーモードでレイヤーを合成します。下のレイヤーの輝度と、上のレイヤーの色相と彩度で合成します。

099 描画モードを[輝度]にする

[レイヤー]パネル ▶ 描画モード ▶ 輝度

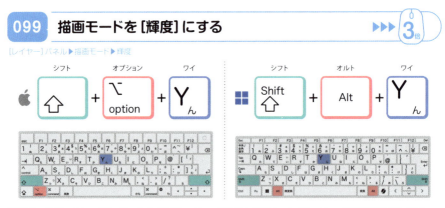

輝度モードでレイヤーを合成します。下のレイヤーの色相と彩度と、上のレイヤーの輝度で合成します。

100 描画モードを[通常]にする

[レイヤー]パネル ▶ 描画モード ▶ 通常

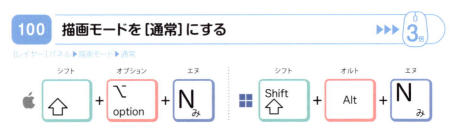

レイヤーを合成しない通常の状態にします。

101 [移動ツール]に切り替える ▶▶ 2倍

[ツール]パネル ▶ 移動ツール、アートボードツール

 移動ツール／ アートボードツールを選択します。[shift]キーを押しながらVを押すと、これらのツールが切り替わります。

102 [長方形選択ツール]に切り替える ▶▶ 2倍

[ツール]パネル ▶ 長方形選択ツール、楕円選択ツール

長方形選択ツール、 楕円選択ツールを選択します。[shift]キーを押しながらMを押すと、これらのツールが切り替わります。

103 [なげなわツール]に切り替える ▶▶ 2倍

[ツール]パネル ▶ なげなわツール、選択ブラシツール、多角形選択ツール、マグネット選択ツール

なげなわツール、 選択ブラシツール、 多角形選択ツール、 マグネット選択ツールを選択します。[shift]キーを押しながらLを押すと、これらのツールが切り替わります。

104 ［オブジェクト選択ツール］に切り替える

［ツール］パネル▶オブジェクト選択ツール、クイック選択ツール、自動選択ツール

■ オブジェクト選択ツール、■ クイック選択ツール、■ 自動選択ツールを選択します。shift キーを押しながらWを押すと、これらのツールが切り替わります。

105 ［切り抜きツール］に切り替える

［ツール］パネル▶切り抜きツール、遠近法の切り抜きツール、スライスツール、スライス選択ツール

■ 切り抜きツール、■ 遠近法の切り抜きツール、■ スライスツール、■ スライス選択ツールを選択します。shift キーを押しながらCを押すと、これらのツールが切り替わります。

106 ［フレームツール］に切り替える

［ツール］パネル▶フレームツール

■ フレームツールを選択します。

107　[スポイトツール] に切り替える　▶▶ 2倍

[ツール] パネル ▶ スポイトツール、カラーサンプラーツール、ものさしツール、注釈ツール、カウントツール

 スポイトツール、 カラーサンプラーツール、 ものさしツール、 注釈ツール、 カウントツールを選択します。[shift] キーを押しながら[I]を押すと、これらのツールが切り替わります。

合わせ技　画像の背景を切り抜く

104			147			
[クイック選択ツール]	選択範囲を作成		選択範囲を反転			背景を削除
[クイック選択] ツールに切り替える	選択範囲を作成する ❶		選択範囲を反転する ❷			背景を削除する ❸

 ▶ ▶ + + ▶

 ▶ ▶ + + ▶

 ▶

画像の背景を簡単に切り抜きたいときに使用する組み合わせです。[クイック選択ツール]で形状を選択、選択範囲を反転、削除、の3ステップで覚えましょう。

108 ［スポット修復ブラシツール］に切り替える

[ツール]パネル ▶ スポット修復ブラシツール、削除ツール、修復ブラシツール、パッチツール、コンテンツに応じた移動ツール、赤目修正ツール

 スポット修復ブラシツール、 削除ツール、 修復ブラシツール、 パッチツール、 コンテンツに応じた移動ツール、 赤目修正ツールを選択します。shift キーを押しながらJを押すと、これらのツールが切り替わります。

109 ［ブラシツール］に切り替える

[ツール]パネル ▶ ブラシツール、鉛筆ツール、色の置き換えツール、混合ブラシツール

 ブラシツール、 鉛筆ツール、 色の置き換えツール、 混合ブラシツールを選択します。shift キーを押しながらBを押すと、これらのツールが切り替わります。

110 ［コピースタンプツール］に切り替える

[ツール]パネル ▶ コピースタンプツール、パターンスタンプツール

 コピースタンプツール、 パターンスタンプツールを選択します。shift キーを押しながらSを押すと、これらのツールが切り替わります。

111 ［ヒストリーブラシツール］に切り替える

［ツール］パネル▶ヒストリーブラシツール、アートヒストリーブラシツール

ヒストリーブラシツール、 アートヒストリーブラシツールを選択します。shift キーを押しながら Y を押すと、これらのツールが切り替わります。

112 ［消しゴムツール］に切り替える

［ツール］パネル▶消しゴムツール、背景消しゴムツール、マジック消しゴムツール

消しゴムツール、背景消しゴムツール、マジック消しゴムツールを選択します。shift キーを押しながら E を押すと、これらのツールが切り替わります。

合わせ技 スポット修復ブラシで画像の不要なものを消す

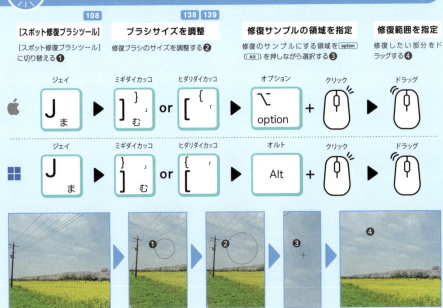

69

113 ［グラデーションツール］に切り替える

［ツール］パネル▶グラデーションツール、塗りつぶしツール

■ グラデーションツール、■ 塗りつぶしツールを選択します。shift キーを押しながらGを押すと、これらのツールが切り替わります。

114 ［覆い焼きツール］に切り替える

［ツール］パネル▶覆い焼きツール、焼き込みツール、スポンジツール

■ 覆い焼きツール、■ 焼き込みツール、■ スポンジツールを選択します。shift キーを押しながらOを押すと、これらのツールが切り替わります。

115 ［ペンツール］に切り替える

［ツール］パネル▶ペンツール、フリーフォームペンツール、曲線ペンツール

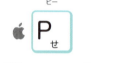

■ ペンツール、■ フリーフォームペンツール、■ 曲線ペンツールを選択します。shift キーを押しながらPを押すと、これらのツールが切り替わります。

116 ［横書き文字ツール］に切り替える

［ツール］パネル▶横書き文字ツール、縦書き文字ツール、縦書き文字マスクツール、横書き文字マスクツール

T 横書き文字ツール、**T** 縦書き文字ツール、**T** 縦書き文字マスクツール、**T** 横書き文字マスクツールに切り替わります。shift キーを押しながら T を押すと、これらのツールが切り替わります。

117 ［パスコンポーネント選択ツール］に切り替える

［ツール］パネル▶パスコンポーネント選択ツール、パス選択ツール

 パスコンポーネント選択ツール、 パス選択ツールを選択します。shift キーを押しながら A を押すと、これらのツールが切り替わります。

118 ［長方形ツール］に切り替える

［ツール］パネル▶長方形ツール、楕円形ツール、三角形ツール、多角形ツール、ラインツール、カスタムシェイプツール

■ 長方形ツール、● 楕円形ツール、▲ 三角形ツール、⬢ 多角形ツール、／ ラインツール、カスタムシェイプツールを選択します。shift キーを押しながら U を押すと、これらのツールが切り替わります。

119 ［手のひらツール］に切り替える

［ツール］パネル ▶ 手のひらツール

🖐 手のひらツールを選択します。

120 ［手のひらツール］に一時的に切り替える

［ツール］パネル ▶ 手のひらツール

押している間は 🖐 手のひらツールに切り替わります。手のひらツールでカンバスをドラッグすると、表示領域を移動できます。

121 ［回転ビューツール］に切り替える

［ツール］パネル ▶ 回転ビューツール

🖐 回転ビューツールを選択します。ドキュメントのカンバスビューの角度を変更できます。[esc]で元に戻ります。

122 [ズームツール]に切り替える ▶▶ 2倍

[ツール]パネル▶ズームツール

🔍 ズームツールを選択します。画像全体を拡大または縮小できます。

123 [ズームツール]に一時的に切り替える(拡大) ▶▶ 2倍

[ツール]パネル▶ズームツール

押している間は 🔍 ズームツールに切り替わり、クリックや右方向のドラッグで拡大できます。[space]を先に押さないと機能しません。

124 [ズームツール]に一時的に切り替える(縮小) ▶▶ 2倍

[ツール]パネル▶ズームツール

[space]+[command]([Ctrl])キーを押している間に[option]([Alt])キーを押すと、ズームツールがズームアウトに切り替わります。クリックや左方向のドラッグで縮小できます。

125 クイックマスクモードに切り替える

【ツール】パネル▶クイックマスクモードで編集

選択したレイヤーがクイックマスクモードに切り替わります。もう一度押すと解除されます。

選択したレイヤーがクイックマスクモードに切り替わるとこのように赤い半透明で表示されます。

合わせ技　クイックマスクモードで選択範囲を調整する

	125	109	136 137		138 139	選択範囲を調整	125
	クイックマスクモード	【ブラシツール】	ブラシの種類を変更		ブラシサイズを変更	選択範囲を調整	解除
	クイックマスクモードに切り替える❶	【ブラシツール】に切り替える	ブラシの種類を変更する❷		ブラシのサイズを変更する❸	選択範囲を調整する❹	クイックマスクモードを解除する❺

 ▶ ▶ or ▶ or ▶ ▶ ▶

クイックマスクモードで選択範囲を調整するときも、ブラシを調整するショートカットキーが使えます。

126 スクリーンモードを変更する

[ツール]パネル▶スクリーンモードを切り替え

ウィンドウのスクリーンモードが標準スクリーンモード、メニュー付きフルスクリーンモード、フルスクリーンモード、の順番に切り替わります。

127 フルスクリーンモードを標準スクリーンモードに戻す

[ツール]パネル▶スクリーンモードを切り替え

フルスクリーンモードから標準スクリーンモードに戻します。

128 描画色と背景色を初期設定に戻す

[ツール]パネル▶初期設定の描画色と背景色

描画色と背景色を初期設定に戻します。初期設定は、描画色は黒、背景色は白、になっています。

129 描画色と背景色を入れ替える

[ツール]パネル▶描画色と背景色を入れ替え

描画色と背景色を入れ替えることができます。通常の描画モードはもちろん、マスクモードでも機能します。

130 [塗りつぶし]ダイアログボックスを表示する

編集 ▶ 塗りつぶし

選択範囲や選択したレイヤーを描画色で塗りつぶします。

[塗りつぶし]ダイアログボックスが表示されます。描画色や描画モード、不透明度を設定できます。

131 描画色で塗りつぶす

編集 ▶ 塗りつぶし

選択範囲や選択したレイヤーを描画色で塗りつぶします。背景色の塗りつぶし 132 とセットで覚えましょう。

選択したレイヤーの全面を、描画色（青色）で塗りつぶしました。

132 背景色で塗りつぶす

編集 ▶ 塗りつぶし

選択範囲や選択したレイヤーを背景色で塗りつぶします。描画色の塗りつぶし 131 とセットで覚えましょう。

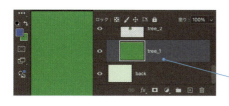

選択したレイヤーの全面を、背景色（緑色）で塗りつぶしました。

合わせ技 画像の色を抽出して塗りつぶす

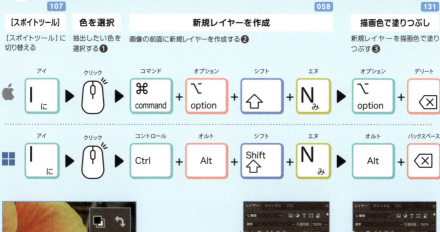

| 107 | 色を選択 | 058 新規レイヤーを作成 | 131 描画色で塗りつぶし |

[スポイトツール]に切り替える / 抽出したい色を選択する❶ / 画像の前面に新規レイヤーを作成する❷ / 新規レイヤーを描画色で塗りつぶす❸

抽出した色は描画色に適用されます。

133 透明部分を保持しながら描画色で塗る

透明部分を除いた範囲を描画色で塗りつぶします。

134 透明部分を保持しながら背景色で塗る

透明部分を除いた範囲を背景色で塗りつぶします。

合わせ技 テキスト入力と色変更

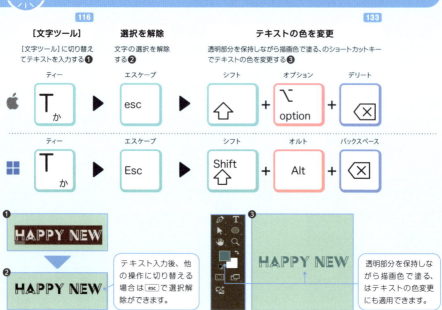

135 ブラシの不透明度を変更する

［ブラシ］ツール ▶ 境界線の不透明度を設定

［ブラシツール］で数字キーで0〜100までの数値を入力すると、入力した数値に合わせてブラシの不透明度が変わります。ブラシの種類によっては［流量］の項目が優先されます。

不透明度の項目に数値を変更することができます。例えば20%にしたい場合は20と数字キーを入力します。

136 前のブラシに変更する

［ブラシ設定］パネル ▶ ブラシ先端のシェイプ

［ブラシツール］でこのキーを押すと、選択しているブラシの1つ前のブラシに切り替わります。ブラシの種類を変更する際に使います。次のブラシに変更する 137 とセットで覚えておきましょう。

137 次のブラシに変更する

［ブラシ設定］パネル ▶ ブラシ先端のシェイプ

［ブラシツール］でこのキーを押すと、選択しているブラシの1つ次のブラシに切り替わります。ブラシの種類を変更する際に使います。前のブラシに変更する 136 とセットで覚えておきましょう。

138 ブラシサイズを大きくする

[ブラシ設定]パネル▶直径

[ブラシツール]でこのキーを押すと、選択しているブラシのサイズが大きくなります。ブラシサイズを小さくする 139 とセットで覚えておきましょう。

139 ブラシサイズを小さくする

[ブラシ設定]パネル▶直径

[ブラシツール]でこのキーを押すと、選択しているブラシが小さくなります。ブラシサイズを大きくする 138 とセットで覚えておきましょう。

140 ブラシの硬さの%を大きくする

[ブラシ設定]パネル▶硬さ

[ブラシツール]でこのキーを押すと、ブラシの硬さの%が大きくなります。ブラシを硬くするとブラシのボケ足が小さくなります。ブラシの硬さの%を小さくする 141 とセットで覚えておきましょう。

141 ブラシの硬さの%を小さくする

[ブラシ設定]パネル▶硬さ

[ブラシツール]でこのキーを押すと、ブラシの硬さの%が小さくなります。ブラシを柔らかくするとブラシのボケ足が大きくなります。ブラシの硬さの%を大きくする 140 とセットで覚えておきましょう。

ブラシの硬さのショートカットキーは、硬さの設定があるブラシで有効になります。

142 結合部分をコピーする

編集 ▶ 結合部分をコピー

 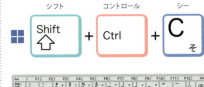

選択した範囲のレイヤーを結合してクリップボードにコピーします。

選択した複数のレイヤーが結合した状態でクリップボードにコピーされています。ペーストすると結合された状態でペーストされます。

合わせ技 ブラシのタッチを調整する

109	136 137	138 139	135
[ブラシツール]	ブラシの種類を変更	ブラシサイズを変更	ブラシの流量を変更
[ブラシツール]に切り替える	ブラシの種類を変更する❶	ブラシのサイズを変更する❷	ブラシの流量を数値入力で変更する❸

  ▶ or ▶ or ▶ ~

  ▶ or ▶ or ▶ ~

[ブラシツール]を使用するときの組み合わせです。種類、サイズ、流量（不透明度）の3点をまとめて覚えましょう。

143 選択範囲内へペーストする

選択範囲を作成してコピーした内容を、別の選択範囲へ貼り付けできます。選択範囲に別の画像を合成するような作業の際に使用します。

選択範囲内へ貼り付けると同時に、レイヤーマスクが作成されます。

144 同じ位置にペーストする

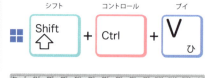

コピーした内容をコピー元と同じ位置に貼り付けます。同じファイル内であれば、新規レイヤーに貼り付けられます。

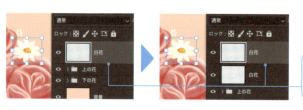

コピーした内容が、コピー元の1つ上のレイヤーに新規レイヤーとして複製されました。

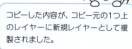

145 選択を解除する ▶▶ 2倍

選択範囲 ▶ 選択を解除

選択範囲を解除します。

解除するとこのように選択範囲の境界線が非表示になります。

合わせ技 選択範囲内に別の画像をペーストする

002	104		143
画像をコピーする	[自動選択ツール]	選択範囲を作成	選択範囲内へペースト
ペーストしたい画像をコピーする	[自動選択ツール]に切り替える	選択範囲を作成する❶	選択範囲内へコピーした画像をペーストする❷

  ▶ ▶ ▶ + + +

選択範囲内に別の画像をペーストします。合成作業などで使用する組み合わせです。

83

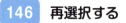
146 再選択する

選択範囲 ▶ 再選択

選択範囲を解除した後に、もう一度同じ範囲を選択します。選択を解除する 145 とセットで覚えましょう。

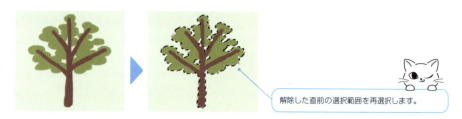

解除した直前の選択範囲を再選択します。

147 選択範囲を反転する

選択範囲 ▶ 選択範囲を反転

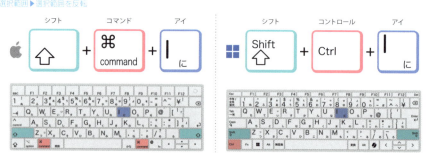

選択範囲を反転します。選択している範囲と選択していない範囲を置き換えることができます。

選択範囲がオブジェクトから背景に反転されました。

84

148 [境界をぼかす]ダイアログボックスを表示する

選択範囲 ▶ 選択範囲を変更 ▶ 境界をぼかす

境界をぼかしたい範囲を選択した状態で、[境界をぼかす]ダイアログボックスを表示します。[ぼかしの半径]の数値によってぼける範囲が変わります。

[境界をぼかす]のダイアログボックスが開きます。[ぼかしの半径]に任意の数値を入力して、[OK]ボタンをクリックすると境界がぼけます。

合わせ技 境界線をぼかしたオブジェクトを作成する

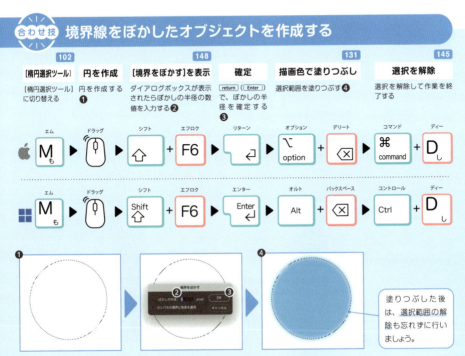

塗りつぶした後は、選択範囲の解除も忘れずに行いましょう。

149 選択とマスクのワークスペースに切り替える

選択範囲 ▶ 選択とマスク

レイヤーを選択してこのキーを押すと、選択とマスクワークスペースに切り換わります。

上にツールオプション、左側にマスク調整用のツール、右側に調整パネルが表示されます。調整後 [OK] ボタンをクリックするか、編集をやめる場合は [キャンセル] ボタンを押すと、通常のワークスペースに戻ります。

150 クリッピングマスクを作成する

レイヤー ▶ クリッピングマスクを作成

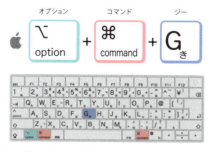

クリッピングマスクを作成します。マスクを作成したいレイヤーを前面に、マスクの範囲にしたいレイヤーがその下にある状態で作成できます。クリッピングマスクの解除も同じショートカットです。

クリッピングマスクが作成されるとレイヤーの目のアイコンの横に下矢印が表示されます。

151 レイヤーマスクを反転する

イメージ▶色調補正▶階調の反転

反転したいレイヤーマスクを選択した状態でこのキーを押すと、レイヤーマスクが反転します。マスクの白黒が反転します。

黒い部分がマスクが適用されて見えなくなる部分、白い部分がマスクが適用されず見える部分です。

152 チャンネルを表示する（RGB ／ CMYK）

[チャンネル]パネル▶RGB、CMYK

個別のチャンネルを選択中に、RGBまたはCMYKの合成チャンネルに切り替えます。

他のチャンネルを選択している状態から、このキーを押すとカラーチャンネルがすべて表示される状態になります。

153 チャンネルを表示する(レッド／シアン)

[チャンネル]パネル ▶ レッド、シアン

選択したレイヤーで、カラーチャンネルの[レッド/シアン]を表示します。カラーモードがRGBの場合はレッド、CMYKの場合はシアンを表示します。

154 チャンネルを表示する(グリーン／マゼンタ)

[チャンネル]パネル ▶ グリーン、マゼンタ

選択したレイヤーで、カラーチャンネルの[グリーン/マゼンタ]を表示します。カラーモードがRGBの場合はグリーン、CMYKの場合はマゼンタを表示します。

155 チャンネルを表示する(ブルー／イエロー)

[チャンネル]パネル ▶ ブルー、イエロー

選択したレイヤーで、カラーチャンネルの[ブルー/イエロー]を表示します。カラーモードがRGBの場合はブルー、CMYKの場合はイエローを表示します。

156 チャンネルを表示する(ブラック)

[チャンネル]パネル ▶ ブラック

選択したレイヤーで、カラーチャンネルの[ブラック]を表示します。カラーモードがCMYKの場合のみ表示されます。

157 アルファチャンネルを表示する（レイヤーマスク）

[チャンネル] パネル ▶ アルファチャンネル

選択したレイヤーで、アルファチャンネルの [レイヤーマスク] を表示します。レイヤーマスクの範囲が赤い半透明で表示されます。もう一度押すと非表示になります。

赤い半透明のカラーの表示・非表示が切り替わります。

158 自由変形モードにする

編集 ▶ 自由変形

変形したい画像を選択した状態でこのキーを押すと、自由変形モードになります。選択画像の拡大、縮小、回転などが自由にできます。編集後、変形を確定する場合は [return]（[Enter]）を押します。

このように自由変形のバウンディングボックスが表示されます。選択画像の拡大、縮小、回転などが自由にできます。

89

159 自由変形を再実行する

編集 ▶ 変形 ▶ 再実行

直前の変形を再実行します。

該当の画像にバウンディングボックスが表示され、直前の変形が再実行されます。

合わせ技　直前に行った変形を別のオブジェクトに適用させる

1つ前に行った変形を、別のオブジェクトに再実行します。変形の確定も return （ Enter ）を使用します。

160 コンテンツに応じて拡大／縮小する

編集 ▶ コンテンツに応じて拡大・縮小

人物や建物などメインコンテンツは変更せずに周囲のみ拡大、縮小ができます。キー実行前に、変更したくないコンテンツの選択範囲をアルファチャンネルに保存します❶。キー実行後、上部のメニューバーに［保護］が表示されるので、保存したアルファチャンネルを選択して拡大縮小をします❷。

161 ［レベル補正］ダイアログボックスを表示する

イメージ ▶ 色調補正 ▶ レベル補正

［レベル補正］ダイアログボックスを表示します。

［レベル補正］ダイアログボックスが表示されます。ヒストグラムでシャドウ、ミッドトーン、ハイライトを調整できます。

162　[トーンカーブ]ダイアログボックスを表示する　▶▶▶ 3倍

イメージ ▶ 色調補正 ▶ トーンカーブ

[トーンカーブ]ダイアログボックスを表示します。

斜めの直線が[トーンカーブ]で、この線を動かして画像の明るさや色調を調整します。

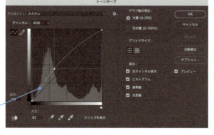

163　[色相・彩度]ダイアログボックスを表示する　▶▶▶ 3倍

イメージ ▶ 色調補正 ▶ 色相・彩度

[色相・彩度]ダイアログボックスを表示します。

色相、彩度、明度をスライダーを左右に動かすか、任意の数値を入力して調節します。

164 ［カラーバランス］ダイアログボックスを表示する ▶▶▶ 3倍

イメージ ▶ 色調補正 ▶ カラーバランス

［カラーバランス］ダイアログボックスを表示します。

シアンとレッド、マゼンタとグリーン、イエローとブルーそれぞれのバランスを調整できます。

165 ［白黒］ダイアログボックスを表示する ▶▶▶ 3倍

イメージ ▶ 色調補正 ▶ 白黒

［白黒］ダイアログボックスを表示します。カラーモードがRGBの場合のみ表示されます。

元画像の色味ごとに、白黒の強弱を調整できます。

166 階調の反転をする

イメージ▶色調補正▶階調の反転

調整したいレイヤーを選択してこのキーを押すと、階調が反転します。

選択しているレイヤーの階調を反転できます。

167 彩度を下げる

イメージ▶色調補正▶彩度を下げる

調整したいレイヤーを選択してこのキーを押すと、彩度が下がります。

選択しているレイヤーの彩度が自動的に下がります。彩度が下がりきると無彩色になります。

168 自動トーン補正を適用する

イメージ ▶ 自動トーン補正

調整したいレイヤーを選択してこのキーを押すと、選択レイヤーのトーンが自動的に補正されます。

明暗を強調して色を調整します。色かぶりを解消する効果も得られます。

169 自動コントラストを適用する

イメージ ▶ 自動コントラスト

調整したいレイヤーを選択してこのキーを押すと、コントラストが自動的に調整されます。

色情報は変更せず、明暗だけを強調します。

95

170 自動カラー補正を適用する

イメージ▶自動カラー補正

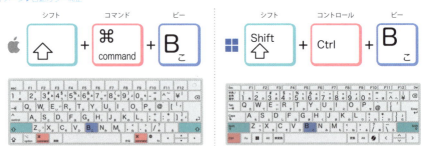

調整したいレイヤーを選択してこのキーを押すと、カラーが自動的に補正されます。

168 の自動トーン補正と同様の調整が行われますが、中間色が中和されます。

171 ［フェード］ダイアログボックスを表示する

編集▶フェード

［フェード］ダイアログボックスを表示します。フェードとは、レイヤーに適用した効果のかかり具合を調整する機能です。

［フェード］ダイアログボックスが開きます。効果の不透明度と描画モードの変更ができます。

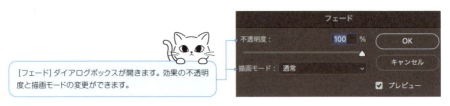

172 直前に使ったフィルターを再実行する

フィルター ▶ フィルターの再実行

直前に使用したフィルターを再実行します。

直前に使用したフィルターが、左図のように最上部に表示されます。

173 ［広角補正］フィルターを表示する

フィルター ▶ 広角補正

［広角補正］フィルターを表示します。広角レンズで撮影したときに生じる歪みを再現したり調整したりできます。

174　Camera Rawフィルターを表示する ▶▶ 2倍

フィルター▶Camera Rawフィルター

Camera Rawフィルターの画面に切り替わります。より詳細な画像補正をしたいときに使います。

Camera Rawは画像の補正ができます。Raw画像だけでなく、JPEGやPSD画像も編集が可能です。編集後［OK］を押すとPhotoshopのワークスペースに戻ります。

175　［レンズ補正］フィルターを表示する ▶▶ 2倍

フィルター▶レンズ補正

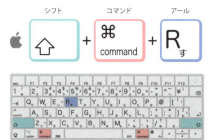

［レンズ補正］フィルターを表示します。カメラレンズの特性による歪みを補正します。

176 ［ゆがみ］フィルターを表示する

フィルター ▶ ゆがみ

［ゆがみ］フィルターを表示します。画像内の任意の領域を歪ませます。右図は顔の歪みを編集できる［顔立ちを調整］パネルを適用しています。

177 ［消点］フィルターを表示する

フィルター ▶ 消点

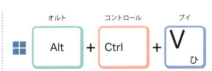

［消点］フィルターを表示します。画像のパースを自動的に読み取り、自然な遠近をつけて合成できます。

178 フォントサイズを大きくする

[文字]パネル ▶ フォントサイズを設定

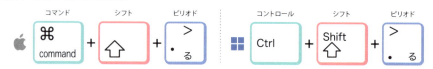

選択した文字のサイズを1ポイントずつ拡大します。フォントサイズを小さくする 179 とセットで覚えましょう。

179 フォントサイズを小さくする

[文字]パネル ▶ フォントサイズを設定

選択した文字のサイズを1ポイントずつ縮小します。フォントサイズを大きくする 178 とセットで覚えましょう。

180 カーニング／トラッキングを大きくする

[文字]パネル ▶ 文字間のカーニングを設定／選択した文字にトラッキングを設定

カーニング（文字同士の間隔）またはトラッキング（選択した文字列全体の文字詰め）を大きくします。カーニング／トラッキングを小さくする 181 とセットで覚えましょう。横組み文字・縦組み文字で同様に大きくなります。

181 カーニング／トラッキングを小さくする

[文字]パネル ▶ 文字間のカーニングを設定／選択した文字にトラッキングを設定

カーニングまたはトラッキングを小さくします。カーニング／トラッキングを大きくする 180 とセットで覚えましょう。横組み文字・縦組み文字で同様に同小さくなります。

182 カーニング／トラッキングをリセットする ▶▶ 2倍

[文字]パネル▶文字間のカーニングを設定／選択した文字にトラッキングを設定

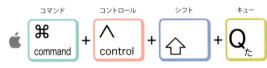

カーニングまたはトラッキングを0に戻します。

左図では文字列全体のトラッキングをにリセットしました。

183 行送りを広くする ▶▶ 2倍

[文字]パネル▶行送りを設定

選択した文字列の行送り(行の間隔)を広くします。横組み文字・縦組み文字で同様に広くなります。行送りを狭くする 184 とセットで覚えましょう。

このように選択したテキストの行の間隔が広くなります。

184 行送りを狭くする

[文字]パネル ▶ 行送りを設定

選択した文字列の行送り（行の間隔）を狭くします。横組み文字・縦組み文字で同様に狭くなります。行送りを広くする 183 とセットで覚えましょう。

このように選択したテキストの行の間隔が狭くなります。

185 ベースラインを上げる

[文字]パネル ▶ ベースラインシフトを設定

選択した文字列のベースラインを上げます。縦組みの場合は右方向に移動します。ベースラインを下げる 186 とセットで覚えましょう。

186 ベースラインを下げる

[文字]パネル ▶ ベースラインシフトを設定

選択した文字列のベースラインを下げます。縦組みの場合は左方向に移動します。ベースラインを上げる 185 とセットで覚えましょう。

187 垂直比率を100%にリセットする

[文字]パネル▶垂直比率

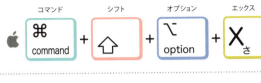

選択した文字列の垂直比率を100%にリセットします。

188 水平比率を100%にリセットする

[文字]パネル▶水平比率

選択した文字列の水平比率を100%にリセットします。

189 段落を左揃えにする

[段落]パネル▶左揃え

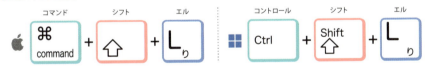

選択した段落を左揃えにします。

190 段落を中央揃えにする

[段落]パネル▶中央揃え

選択した段落を中央揃えにします。

191 段落を右揃えにする

[段落]パネル▶右揃え

選択した段落を右揃えにします。

192 段落を均等配置にする

[段落]パネル▶均等配置（最終行左揃え）

選択した段落をテキストボックスに合わせて均等配置（最終行左揃え）にします。均等配置（最終行左揃え）とは、指定の範囲内で文字の行頭と行末が揃い、最終行だけ左揃えになる配置のことです。

193 段落を両端揃えにする

[段落]パネル▶両端揃え

選択した段落をテキストボックスに合わせて両端揃えにします。

両端左揃えとは、指定の範囲内に文字が行頭と行末が揃うことです。

段落の調整のショートカットはPhotoshopとIllustratorで同じキーが割り当てられています。文字の調整と一緒に覚えましょう。

Chapter 3

Illustratorの
ショートカットキー

Chapter 3では、Illustratorのメニュー、ツールバー、各パネルから
行うことのできる操作のショートカットキーを紹介します。
Photoshopで紹介した内容と同じ操作で有効になる項目もありますので、
応用して覚えていきましょう。

194 [環境設定] ダイアログボックスを表示する

Mac：Illustrator ▶ 設定 ▶ 一般　　　　　Windows：編集 ▶ 環境設定 ▶ 一般

[環境設定] ダイアログボックスの [一般] を表示します。

195 [環境設定] ダイアログボックスの [単位] を表示する

Mac：Illustrator ▶ 設定 ▶ 単位　　　　　Windows：編集 ▶ 環境設定 ▶ 単位

[環境設定] ダイアログボックスの [単位] を表示します。Illustrator上で使用する線や文字の単位を [ミリメートル]［ポイント］［ピクセル］［級］などから選択できます。

196 [ファイル情報] ダイアログボックスを表示する

ファイル ▶ ファイル情報

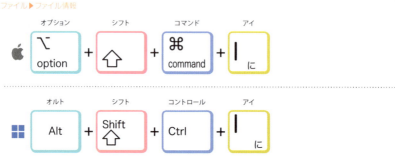

ファイルのメタデータの確認や編集を行うダイアログボックスを表示します。

197 ［ドキュメント設定］ダイアログボックスを表示する

ファイル▶ドキュメント設定

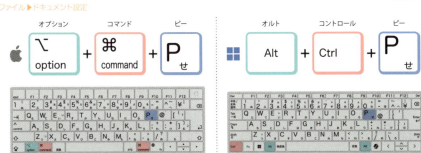

［ドキュメント設定］ダイアログボックスを表示します。裁ち落としや紙色など印刷を想定した設定や引用符の設定を行えます。

［全般］では単位、裁ち落とし、オーバープリントの設定など、［文字オプション］では引用符（""）や上付き・下付き文字のサイズなどを設定できます。

198 ［カラー設定］ダイアログボックスを表示する

編集▶カラー設定

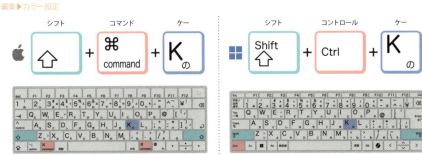

［カラー設定］ダイアログボックスを表示します。カラーマネジメントが必要な場合、ここから設定できます。

199 キーボードショートカットの設定をする

編集 ▶ キーボードショートカット

[キーボードショートカット]ダイアログボックスを表示します。メニューコマンドやツールごとに、各機能とショートカットキーの割り当てを設定できます。

[ツール]と[メニューコマンド]を切り替えて、機能ごとにショートカットキーを割り当てられます。

200 テンプレートから新規ドキュメントを作成する

ファイル ▶ テンプレートから新規

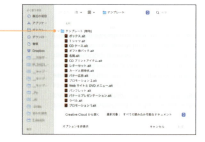

[Adobe Illustrator 2025]フォルダの[テンプレート]フォルダが表示されます。この中からテンプレートを選択して新規ドキュメントを作成できます。

テンプレートは、CDラベルや、Tシャツ、名刺など、複数種類があります。

201 ファイルを配置する

ファイル ▶ 配置

配置するファイルを選択するダイアログボックスを表示します。

ダイアログボックスから配置したいファイルを選択します。配置とはIllustrator上に画像ファイルなどを取り込むことです。配置した画像は元ファイルとリンクされた状態になります。

合わせ技 複数のファイルをまとめて配置する

201

❶ [配置]メニューを実行	❷ 複数のファイルをまとめて選択	❸ ファイルを確定	❹ 配置
配置するファイルを選択するダイアログボックスを表示する	shift を押しながらファイルをまとめてクリックする	return (Enter) で確定する	アートボード上でクリックする

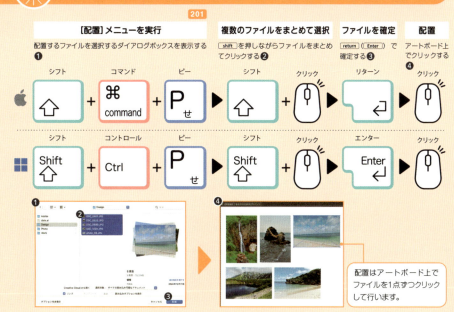

配置はアートボード上でファイルを1点ずつクリックして行います。

202 Illustrator以外のアプリケーションを隠す

Illustrator▶ほかを隠す

Mac版のIllustratorでのみメニューが表示されます。

Illustrator以外のアプリケーションを画面上から一時的に隠します。他のアプリケーションに切り替えると、表示が元に戻ります。

203 ウィンドウを最小化する

ウィンドウ▶アレンジ▶ウィンドウを最小化

Mac版のIllustratorでのみメニューが表示されます。

ウィンドウが最小化され、ファイルを閉じずに一時的に見えなくすることができます。最小化されたウィンドウかアプリケーションアイコンをクリックすることで元に戻ります。

204 Bridgeを起動する

ファイル▶Bridgeで参照

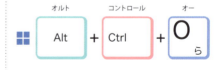

Adobe Bridgeを起動します。

Bridge上で画像などのファイルをプレビューして、直接Illustratorで開くことも可能です。

205 取り消す

編集▶取り消し

最後に行った操作を取り消し、直前の状態に戻します。もとに戻せる回数は［環境設定］ダイアログボックスの［パフォーマンス］の［ヒストリー数］で設定できます。

206 やり直す

編集▶やり直し

取り消しした操作をやり直します。

207 ヘルプを表示する

ヘルプ▶Illustratorヘルプ

［もっと知る］ウィンドウを表示します。直近の操作からヘルプの候補が表示されるほか、項目を検索できます。escキーを押すと終了します。

正確な名称がわからなくても関連項目を多数表示してくれるので、わからないことはヘルプに入力して探してみましょう。

208 ［Web用に保存］ダイアログボックスを表示する

ファイル▶書き出し▶Web用に保存（従来）

［Web用に保存］ダイアログボックスを表示します。Webページでの表示に最適な形式に変換できます。

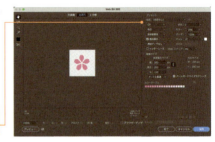

> プリセットから保存形式を選択できるほか、プレビューを見ながら画像サイズや色数などの設定を行えます。

209 ［スクリーン用に書き出し］ダイアログボックスを表示する

ファイル▶書き出し▶スクリーン用に書き出し

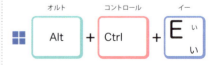

［スクリーン用に書き出し］ダイアログボックスを表示します。アートボードやアセット（グラフィック素材）ごとにまとめて、さまざまな形式で書き出せます。

> まとめて書き出す以外に、範囲を設定して書き出すこともできます。

210 [パッケージ]ダイアログボックスを表示する ▶▶

ファイル▶パッケージ

[パッケージ] ダイアログボックスを表示します。データ入稿に必要なリンク画像やファイル情報などが収集され、1つのフォルダに保存されます。

保存場所、パッケージ項目などを設定してから[パッケージ]ボタンをクリックしましょう。

211 スクリプトを実行する ▶▶▶

ファイル▶スクリプト▶その他のスクリプト

ファイル選択ダイアログボックスを表示します。AppleScript形式（.scpt）やJavaScript形式（.jsx）、Visual Basic形式（.vbs）などで作成されたスクリプトファイルを開けます。

スクリプトを選択し、[開く]をクリックするとスクリプトが実行されます。

212 ガイドを作成する ▶▶▶ 3倍

表示▶ガイド▶ガイドを作成

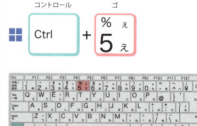

選択したパスやオブジェクトからガイドを作成します。

選択した対象がガイドに変換されます。この画像はガイドが青になっていますが、ガイドの色は環境設定で変更できます。

213 ガイドを解除する ▶▶▶ 3倍

表示▶ガイド▶ガイドを解除

選択したガイドを元のパスやオブジェクトに戻します。

選択したガイドが解除され、ガイドに変換される前の塗りと線の状態でパスに戻りました。

ガイドが見づらい場合は［環境設定］ダイアログボックス 194 の［ガイド・グリッド］で色と線の種類を変更できます。

214 ガイドの表示・非表示を切り替える

表示▶ガイド▶ガイドを表示／ガイドを隠す

ガイドの表示・非表示を切り替えます。

215 ガイドのロック・ロック解除を切り替える

表示▶ガイド▶ガイドをロック／ガイドをロック解除

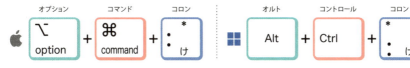

ガイドをロックします。ロック中の場合はロックを解除します。

合わせ技 ガイドを一部分だけ削除する

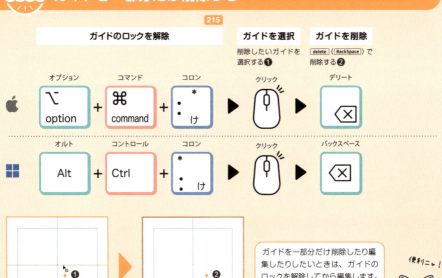

216 定規の表示・非表示を切り替える

表示 ▶ 定規 ▶ 定規を表示／定規を隠す

定規の表示・非表示を切り替えます。オンにすると、ウィンドウの左・上に定規が表示されます。

> 実際のサイズ感を確認しながら作業したいときに使用します。

217 アートボード定規に変更する

表示 ▶ 定規 ▶ アートボード定規に変更

定規が表示された状態で有効になります。複数のアートボードがある場合、選択した各アートボードの左上隅が定規の原点になります。［アートボード］ツールが選択されていると有効になりません。

> それぞれのアートボードを選択するとこのように原点が切り替わります。

218 グリッドの表示・非表示を切り替える

表示 ▶ グリッドを表示／グリッドを隠す

グリッドの表示・非表示を切り替えます。グリッドの間隔は初期設定では25.4mmになっています。グリッド色や間隔、分割数は［環境設定］ダイアログボックスの［ガイド・グリッド］で設定できます。

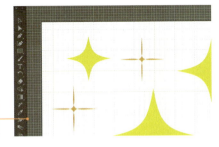

オブジェクトの作成時に、整列やサイズ調整を正確に行いたいときに使用します。

219 透明グリッドの表示・非表示を切り替える

表示 ▶ 透明グリッドを表示／透明グリッドを隠す

透明グリッドの表示・非表示を切り替えます。透明グリッドとは白とグレーの格子模様で、その部分が透過していることを表します。

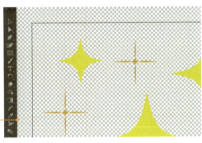

透明グリッドのサイズとカラーは［ドキュメントの設定］ダイアログボックス 197 の、グリッドサイズ、グリッドカラーで変更することもできます。右図は初期設定のサイズとカラーです。

220 グリッドにスナップする

表示▶グリッドにスナップ

スナップのオン・オフを切り替えます。スナップをオンにすると、描画や移動時にマウスポインターがグリッドに吸着します。

221 ポイントにスナップする

表示▶ポイントにスナップ

スマートガイド 228 が表示された状態で使用します。スマートガイドで表示される各種ポイントに、オブジェクトがスナップします。

222 遠近グリッドの表示・非表示を切り替える

表示▶遠近グリッド▶グリッドを表示／グリッドを隠す

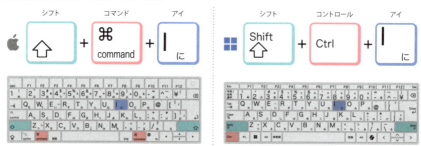

遠近グリッドの表示・非表示を切り替えます。遠近グリッドツールを使用して、遠近感のある文字や図形を作成する際に使用します。

オブジェクトに正確なパースをつけたいときに使用します。

223 アートボードの表示・非表示を切り替える

表示▶アートボードを表示／アートボードを隠す

アートボードの表示・非表示を切り替えます。非表示にすると、アートボードの外側の領域がシェード(暗い表示のこと)されなくなります。

外側の領域が非表示になりウィンドウ全体が白になりました。アートボードの境界線を意識せず作業したいときに切り替えて使用します。

224 ウィンドウにすべてのアートボードを表示する

表示▶すべてのアートボードを全体表示

すべてのアートボードをウィンドウサイズいっぱいに表示します。

複数のアートボード使用時にこのキーを押すと、画面に合わせてすべてのアートボードを表示できます。

アートボードと外側の色は[環境設定]ダイアログボックス 194 の[ユーザーインターフェイス]の[明るさ]で設定できます。

225 GPU表示・CPU表示で切り替える

表示 ▶ GPUで表示／CPUで表示

Illustratorの画面描画をGPUで行うかCPUで行うかを切り替えます。[環境設定]ダイアログボックスの[パフォーマンス]で[GPUパフォーマンス]にチェックが入っている場合はGPUモードになっています。

CPU表示の場合は、ドキュメントのタブに[CPUプレビュー]と表示されます。単に[プレビュー]と表示されている場合はGPU表示になっています。

226 アウトライン表示・プレビュー表示を切り替える

表示 ▶ アウトライン／プレビュー

アウトライン表示とプレビュー表示を切り替えます。アウトライン表示とは、カラー情報や線の太さなどをなくしたパスのみが見えている表示です。

オブジェクトを構成しているパスを確認するときなどに使用します。

227 オーバープリントプレビューに切り替える

表示 ▶ オーバープリントプレビュー

オーバープリントプレビューに切り替えます。オーバープリントを設定した場合に、どのように印刷されるかを確認する際に使用します。

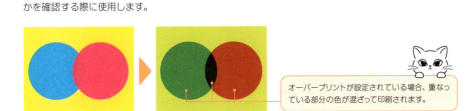

オーバープリントが設定されている場合、重なっている部分の色が混ざって印刷されます。

228 スマートガイドの表示・非表示を切り替える

表示 ▶ スマートガイド

スマートガイドの表示・非表示を切り替えます。スマートガイドとは、オブジェクトやパス上に自動的に表示される中心点や補助線などのことです。

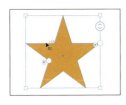

マウス操作のガイドとなる情報が表示されます。オブジェクトの位置を端点や中心点に揃えたい場合などに正確な操作が行えます。

121

229 バウンディングボックスの表示・非表示を切り替える

表示 ▶ バウンディングボックスを表示／バウンディングボックスを隠す

バウンディングボックスの表示・非表示を切り替えます。バウンディングボックスとは画像やシェイプなどを囲む矩形の枠のことです。

バウンディングボックスが非表示になりオブジェクトを囲む矩形の枠が非表示になりました。

230 ピクセルプレビューに切り替える

表示 ▶ ピクセルプレビュー

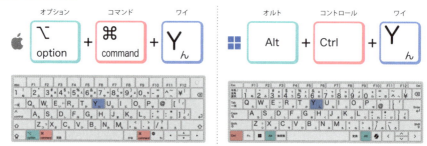

ピクセルプレビューに切り替えます。JPEGやPNGで書き出したときにどのように見えるか確認します。

Web用の素材を書き出したい場合などに、実際の表示を確認できます。

231 ビューの回転を初期化する ▶▶ 2倍

表示▶ビューを回転の初期化

カンバスを回転させている場合に使用します。このキーを押すと、回転したカンバスを、初期設定の0度に戻すことができます。

カンバスの回転は回転ビューツール 303 で編集できます。

232 境界線の表示・非表示を切り替える ▶▶ 2倍

表示▶境界線を表示／境界線を隠す

オブジェクトの境界線（オブジェクトのパスや、アンカーポイントなど）の表示・非表示を切り替えます。

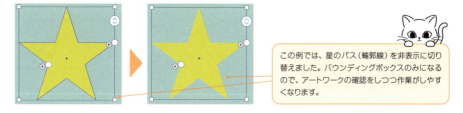

この例では、星のパス（輪郭線）を非表示に切り替えました。バウンディングボックスのみになるので、アートワークの確認をしつつ作業がしやすくなります。

123

233 テンプレートレイヤーの表示・非表示を切り替える ▶▶ 2倍

表示 ▶ テンプレートを表示 / テンプレートを隠す

テンプレートレイヤーの表示・非表示を切り替えます。テンプレートレイヤーはレイヤーオプションで設定します。

テンプレートレイヤーに設定すると、テンプレートレイヤーの四角いアイコンが表示されます。

234 グラデーションガイドの表示・非表示を切り替える ▶▶ 2倍

表示 ▶ グラデーションガイドを表示 / グラデーションガイドを隠す

グラデーションガイドの表示・非表示を切り替えます。グラデーションガイドとは、グラデーション作成時に表示される補助線のことです。

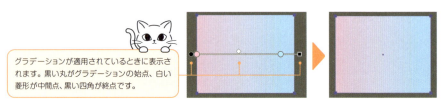

グラデーションが適用されているときに表示されます。黒い丸がグラデーションの始点、白い菱形が中間点、黒い四角が終点です。

235 テキストのスレッドを表示・非表示を切り替える ▶▶ 2倍

表示 ▶ テキストのスレッドを表示、テキストのスレッドを隠す

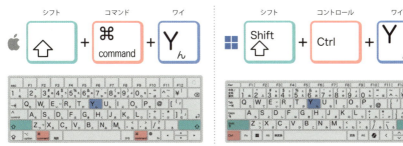

テキストの表示・非表示を切り替えます。境界線を表示している状態で有効になります。表示することで連結しているテキストボックス同士を確認できます。

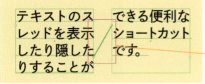

テキストボックスで連結されている場合のみ、表示の切り替えが有効になります。

236 すべてのパネルの表示・非表示を切り替える

パネルの表示・非表示を切り替えます。アートワークのみを確認したい場合に便利です。

上部のメニュー以外のツールバーやパネルがすべて非表示になりました。

237 ［アピアランス］パネルの表示・非表示を切り替える ▶▶ 2倍

ウィンドウ▶アピアランス

［アピアランス］パネルの表示・非表示を切り替えます。アピアランスとはオブジェクトの［見た目］のことです。

［アピアランス］パネルは、効果別に線、塗り、不透明度と分かれています。線を複数重ねたいときは［アピアランス］パネルを使用します。

238 ［カラー］パネルの表示・非表示を切り替える ▶▶ 2倍

ウィンドウ▶カラー

［カラー］の表示・非表示を切り替えます。

239 ［カラーガイド］パネルの表示・非表示を切り替える ▶▶ 2倍

ウィンドウ▶カラーガイド

［カラーガイド］パネルの表示・非表示を切り替えます。

240 ［グラデーション］パネルの表示・非表示を切り替える

ウィンドウ▶グラデーション

［グラデーション］パネルの表示・非表示を切り替えます。

241 ［グラフィックスタイル］パネルの表示・非表示を切り替える

ウィンドウ▶グラフィックスタイル

［グラフィックスタイル］パネルの表示・非表示を切り替えます。

合わせ技 アピアランスを使って文字に線を付ける

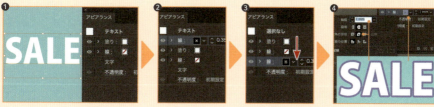

242 ［シンボル］パネルの表示・非表示を切り替える

ウィンドウ ▶ シンボル

［シンボル］パネルの表示・非表示を切り替えます。

243 ［パスファインダー］パネルの表示・非表示を切り替える

ウィンドウ ▶ パスファインダー

［パスファインダー］パネルの表示・非表示を切り替えます。パスファインダーとは、パスを結合したり分割したりする機能です。

［形状モード］では、合体、前面オブジェクトで型抜き、交差、中マドの4種類が、［パスファインダー］では、分割、刈り込み、合流、切り抜き、アウトライン、背面オブジェクトで型抜きの6種類が選択できます。

244 ［ブラシ］パネルの表示・非表示を切り替える

ウィンドウ ▶ ブラシ

［ブラシ］パネルの表示・非表示を切り替えます。

245 [レイヤー] パネルの表示・非表示を切り替える

ウィンドウ▶レイヤー

[レイヤー] パネルの表示・非表示を切り替えます。[プロパティ] パネルや [CCライブラリ] パネルとグループ化されている場合、グループごと表示・非表示が切り替わります。

> [レイヤー] パネルは初期設定で表示されるので、非表示にしたいときや、レイヤーパネルを見つけたいときに使用できます。

246 [変形] パネルの表示・非表示を切り替える

ウィンドウ▶変形

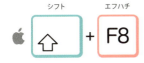

[変形] パネルの表示・非表示を切り替えます。

247 [属性] パネルの表示・非表示を切り替える

ウィンドウ▶属性

[属性] パネルの表示・非表示を切り替えます。

129

248 ［情報］パネルの表示・非表示を切り替える

ウィンドウ▶情報

［情報］パネルの表示・非表示を切り替えます。

249 ［整列］パネルの表示・非表示を切り替える

ウィンドウ▶整列

［整列］パネルの表示・非表示を切り替えます。

合わせ技 複数のオブジェクトを均等に整列する

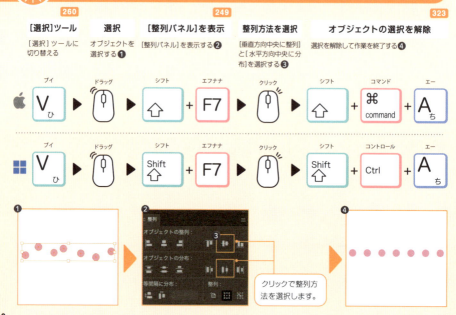

250　[文字]パネルの表示・非表示を切り替える

ウィンドウ▶書式▶文字

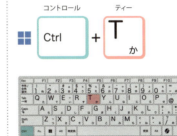

[文字]パネルの表示・非表示を切り替えます。

[文字]パネルではフォントの種類を選べるほか、文字サイズや行送り、カーニングやトラッキングの設定などを行えます。

251　[段落]パネルの表示・非表示を切り替える

ウィンドウ▶書式▶段落

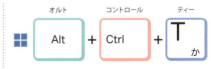

[段落]パネルの表示・非表示を切り替えます。

[段落]パネルには段落全体の文字揃えや行頭位置の設定、段落前後の間隔設定など文章全体の体裁を整える機能が揃っています。

252 ［OpenType］パネルの表示・非表示を切り替える ▶▶▶ 3倍

ウィンドウ ▶ 書式 ▶ OpenType

［OpenType］パネルの表示・非表示を切り替えます。

欧文の合字（たとえば「fi」の場合、fの横棒とiの点を繋げる）や、分数表示（「1/2」を1文字の形式にする）などの設定ができます。

253 ［タブ］パネルの表示・非表示を切り替える ▶▶▶ 3倍

ウィンドウ ▶ 書式 ▶ タブ

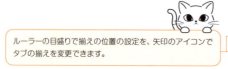

［タブ］パネルの表示・非表示を切り替えます。

ルーラーの目盛りで揃えの位置の設定を、矢印のアイコンでタブの揃えを変更できます。

OpenTypeとはAdobeとMicrosoftが開発したフォントの仕様です。

254 [線] パネルの表示・非表示を切り替える

ウィンドウ▶線

[線] パネルの表示・非表示を切り替えます。

255 [透明] パネルの表示・非表示を切り替える

ウィンドウ▶透明

[透明] パネルの表示・非表示を切り替えます。

256 新規レイヤーを作成する

[レイヤー] パネル▶新規レイヤーを作成

新規レイヤーを作成します。

257 [レイヤーオプション] ダイアログボックスを表示する

[レイヤー] パネル▶メニュー▶新規レイヤー

[レイヤーオプション] ダイアログボックスを表示します。[OK] ボタンをクリックすると、現在のレイヤーの下に新規レイヤーが作成されます。

133

258 アピアランスに新規塗りを追加する

[アピアランス]パネル▶メニュー▶新規塗りを追加

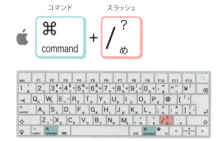 

選択したオブジェクトに新しい塗りを追加します。

新規塗りは[アピアランス]パネルの最前面に追加されます。

259 アピアランスに新規線を追加する

[アピアランス]パネル▶メニュー▶新規線を追加

選択したオブジェクトに新しい線を追加します。

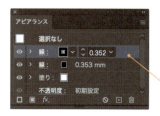

新規線は[アピアランス]パネルの最前面に追加されます。

260 [選択]ツールに切り替える ▶▶ 2倍
[ツールバー] ▶ 選択

[選択]ツールを選択します。

261 [ダイレクト選択]ツールに切り替える ▶▶ 2倍
[ツールバー] ▶ ダイレクト選択

[ダイレクト選択]ツールを選択します。アンカーポイントやパスを変形できます。

合わせ技 クリッピングマスクに追加オブジェクトをペーストする

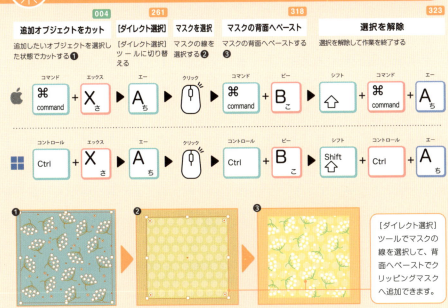

[ダイレクト選択]ツールでマスクの線を選択して、背面へペーストでクリッピングマスクへ追加できます。

262 ［自動選択］ツールに切り替える

[ツールバー] ▶ 自動選択

［自動選択］ツールを選択します。クリックしたオブジェクトと同じ線や塗りのオブジェクトを自動的に選択できます。

263 ［なげなわ］ツールに切り替える

[ツールバー] ▶ なげなわ

［なげなわ］ツールを選択します。ドラッグした範囲を選択できます。

264 ［ペン］ツールに切り替える

[ツールバー] ▶ ペン

［ペン］ツールを選択します。ペンツールではベジェ曲線の作成や編集が行えます。ベジェ曲線とは、アンカーポイント（点）とセグメント（線）で構成された曲線のことです。

265 ［アンカーポイント］ツールに切り替える

[ツールバー] ▶ アンカーポイント

［アンカーポイント］ツールに切り替えます。アンカーポイントをクリックすると曲線を角（コーナーポイント）に、角を曲線（スムーズポイント）に変更できます。

266 ［アンカーポイントの追加］ツールに切り替える

[ツールバー] ▶ アンカーポイントの追加

［アンカーポイントの追加］ツールを選択します。パス上をクリックするとアンカーポイントを追加できます。

267 ［アンカーポイントの削除］ツールに切り替える

[ツールバー] ▶ アンカーポイントの削除

［アンカーポイントの削除］ツールを選択します。アンカーポイントをクリックして削除できます。

268 [曲線ツール]に切り替える

[ツールバー] ▶曲線

[曲線ツール]を選択します。クリックした点を結ぶ曲線を作成できます。

269 [文字]ツールに切り替える

[ツールバー] ▶文字

[文字]ツールを選択します。テキストカーソルの黒い線が点滅している状態となります。

270 [文字タッチ]ツールに切り替える

[ツールバー] ▶文字タッチ

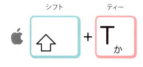

[文字タッチ]ツールを選択します。フォントの情報を保持したまま、1文字単位で変形や回転、色の変更などさまざまな。

271　[直線] ツールに切り替える

[ツールバー] ▶ 直線

　[直線] ツールを選択します。アートボードをクリックすると [直線ツールオプション] ダイアログボックスを表示します。

272　[長方形] ツールに切り替える

[ツールバー] ▶ 長方形

　[長方形] ツールを選択します。アートボードをクリックすると [長方形] ダイアログボックスを表示します。shift キーを押しながらドラッグすると正方形が作成できます。また、option (Alt) キーを押しながらドラッグすると中心を基点として作成できます。

273　[楕円形] ツールに切り替える

[ツールバー] ▶ 楕円形

　[楕円形] ツールを選択します。アートボードをクリックすると [楕円形] ダイアログボックスを表示します。shift キーを押しながらドラッグすると正円が作成できます。また、option (Alt) キーを押しながらドラッグすると中心から作成できます。

274 ［ブラシ］ツールに切り替える

[ツールバー] ▶ ブラシ

[ブラシ］ツールを選択します。アートボードをドラッグして自由に描画できます。

275 ［塗りブラシ］ツールに切り替える

[ツールバー] ▶ 塗りブラシ

[塗りブラシ］ツールを選択します。このツールで描画すると、同じ塗りのオブジェクトと結合できます。

276 塗りブラシのサイズを拡大する

[ツールバー] ▶ 塗りブラシ

塗りブラシのサイズを大きくします。

140

277 塗りブラシのサイズを縮小する

[ツールバー] ▶ 塗りブラシ

塗りブラシのサイズを小さくします。

278 ［鉛筆］ツールに切り替える

[ツールバー] ▶ 鉛筆

［鉛筆］ツールを選択します。パスの描画と編集ができます。

279 ［Shaperツール］に切り替える

[ツールバー] ▶ Shaper

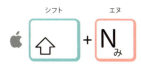

［Shaperツール］を選択します。フリーハンドで描画した内容が自動的にシェイプとして成形されます。

280 ［消しゴム］ツールに切り替える ▶▶ 2倍

［ツールバー］▶消しゴム

［消しゴム］ツールを選択します。クリックやドラッグした箇所を削除できます。

281 ［はさみ］ツールに切り替える ▶▶ 2倍

［ツールバー］▶はさみ

［はさみ］ツールを選択します。クリックしたパスやアンカーポイントを delete キーで削除できます。

282 ［回転］ツールに切り替える ▶▶ 2倍

［ツールバー］▶回転

［回転］ツールを選択します。クリックした点を中心にドラッグ操作でオブジェクトを回転できます。

283 ［リフレクト］ツールに切り替える

[ツールバー] ▶ リフレクト

[リフレクト］ツールを選択します。クリックした位置を軸にオブジェクトを反転できます。

284 ［拡大・縮小］ツールに切り替える

[ツールバー] ▶ 拡大・縮小

[拡大・縮小］ツールを選択します。クリックした位置を基点にドラッグ操作でオブジェクトを拡大・縮小できます。

285 ［線幅］ツールに切り替える

[ツールバー] ▶ 線幅

［線幅］ツールを選択します。パス上をドラッグすると線の太さを変更できます。

286 ［ワープ］ツールに切り替える

［ツールバー］▶ワープ

［ワープ］ツールを選択します。選択中のオブジェクト上をドラッグすると、自由に変形できます。

287 ［自由変形］ツールに切り替える

［ツールバー］▶自由変形

［自由変形］ツールを選択します。オブジェクトを回転／拡大縮小／傾斜／変形できます。

288 ［シェイプ形成］ツールに切り替える

［ツールバー］▶シェイプ形成

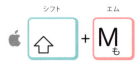 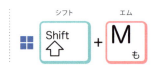

［シェイプ形成］ツールを選択します。選択中の複数のオブジェクトをドラッグで結合できます。

289　[ライブペイント]ツールに切り替える

[ツールバー] ▶ ライブペイント

[ライブペイント]ツールを選択します。ライブペイントを作成したグループ 351 をクリックすると描画色で塗りつぶせます。

290　[ライブペイント選択]ツールに切り替える

[ツールバー] ▶ ライブペイント選択

[ライブペイント選択]ツールを選択します。ライブペイントを作成したグループ 351 のパスで分割された領域を選択できます。

291　[遠近グリッド]ツールに切り替える

[ツールバー] ▶ 遠近グリッド

[遠近グリッド]ツールを選択します。奥行きのあるグラフィックを作成するときに使用します。

145

292 ［遠近図形選択］ツールに切り替える

［ツールバー］▶ 遠近図形選択

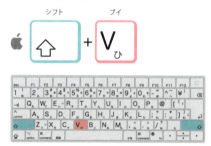 

［遠近図形選択］ツールを選択します。このツールでオブジェクトを遠近グリッド上にドラッグすると、オブジェクトが遠近グリッドに沿って変形します。

293 ［メッシュ］ツールに切り替える

［ツールバー］▶ メッシュ

［メッシュ］ツールを選択します。オブジェクト内をクリックしてメッシュポイントを作成し、塗りを設定するとメッシュに沿った立体感を表現できます。

294 ［グラデーション］ツールに切り替える

［ツールバー］▶ グラデーション

［グラデーション］ツールを選択します。選択したオブジェクトにグラデーションを設定できます。

295　[スポイト]ツールに切り替える ▶▶ 2倍

[ツールバー] ▶ スポイト

　[スポイト]ツールを選択します。クリックした箇所の色情報を吸い取ることができます。

296　[ブレンド]ツールに切り替える ▶▶ 2倍

[ツールバー] ▶ ブレンド

　[ブレンド]ツールを選択します。クリックしたオブジェクトの色と形を連続的に変化させて結合します。

297　[シンボルスプレー]ツールに切り替える ▶▶ 2倍

[ツールバー] ▶ シンボルスプレー

　[シンボルスプレー]ツールを選択します。[シンボル]パネル 242 で選択したシンボルをドラッグ操作で追加できます。

298　[スライス]ツールに切り替える ▶▶ 2倍

[ツールバー] ▶ スライス

 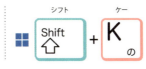

　[スライス]ツールを選択します。作成したグラフィックをWeb素材として切り出す場合などに使用します。

299 ［棒グラフ］ツールに切り替える

［ツールバー］▶ 棒グラフ

[棒グラフ]ツールを選択します。[棒グラフ]ツールでは、テーブルにデータを入力して棒グラフを作成できます。

300 ［アートボード］ツールに切り替える

［ツールバー］▶ アートボード

[アートボード]ツールを選択します。アートボードの移動やサイズ変更ができます。

301 ［手のひら］ツールに切り替える

［ツールバー］▶ 手のひら

[手のひら]ツールを選択します。ドラッグして表示領域を移動できます。

302 [手のひら]ツールに一時的に切り替える

[ツールバー] ▶ 手のひら

押している間は 🖐 [手のひら]ツールに切り替わります。手のひらツールでカンバスをドラッグすると、表示領域を移動できます。

303 [回転ビューツール]に切り替える

[ツールバー] ▶ 回転ビュー

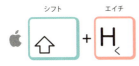 

[回転ビューツール]を選択します。ドラッグして表示領域を回転できます。

304 [ズーム]ツールに切り替える

[ツールバー] ▶ ズーム

🔍 [ズーム]ツールを選択します。右にドラッグすると拡大、左にドラッグすると縮小します。

305 [ズーム]ツールに一時的に切り替える(拡大)

[ツールバー] ▶ ズーム

押している間は 🔍 [ズーム]ツールに切り替わり、クリックや右方向のドラッグで拡大できます。space を先に押さないと機能しません。

306 ［ズーム］ツールに一時的に切り替える（縮小）

［ツールバー］▶ズーム

`space` + `command`（`Ctrl`）キーを押している間に `option`（`Alt`）キーを押すと、［ズーム］ツールがズームアウトに切り替わります。クリックや左方向のドラッグで縮小できます。

307 描画方法を切り替える

［ツールバー］▶描画方法

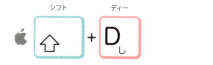 

描画（標準描画・背面描画・内側描画）方法を切り替えます。描画の際どのような状態にしたいか選択できます。標準描画は新しい描画が前面になるモード、背面描画は新しい描画が背面になるモード、内側描画は描画したオブジェクトの内側に描画されるモードです。

合わせ技 作業中、一時的に画面を拡大や縮小したいとき

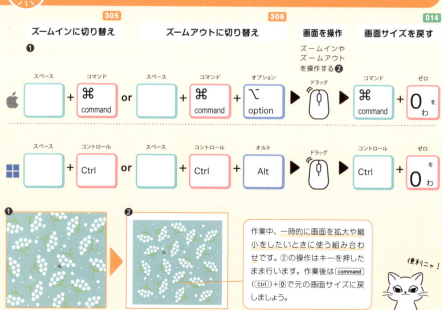

作業中、一時的に画面を拡大や縮小をしたいときに使う組み合わせです。②の操作はキーを押したまま行います。作業後は `command`（`Ctrl`）+ `0` で元の画面サイズに戻しましょう。

便利ニャ！

308 スクリーンモードを変更する

[ツールバー] ▶ スクリーンモードを変更

画面の表示を、標準スクリーンモード→メニュー付きフルスクリーンモード→フルスクリーンモードの順で切り替えます。

309 スクリーンモードを標準スクリーンモードに戻す

[ツールバー] ▶ スクリーンモードを変更 ▶ 標準スクリーンモード

スクリーンモードを標準スクリーンモードに戻します。

310 プレゼンテーションモードに切り替える

[ツールバー] ▶ スクリーンモードを変更 ▶ プレゼンテーションモード

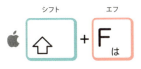　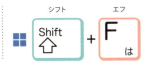

プレゼンテーションモードに切り替えます。アートボードのみモニター全体に表示されます。[esc]で標準スクリーンモードに戻ります。

[esc]は文字の入力やプログラムの実行に際して、処理を中止したり、取り消したりする際にも機能します。

311 塗りと線を切り替える

[ツールバー] ▶ 塗りと線

塗りと線の選択を入れ替えることができます。

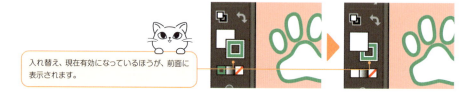

入れ替え、現在有効になっているほうが、前面に表示されます。

312 塗りと線の色を入れ替える

[ツールバー] ▶ 塗りと線を入れ替え

塗りと線の色を入れ替えることができます。

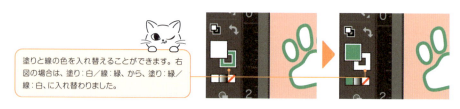

塗りと線の色を入れ替えることができます。右図の場合は、塗り：白／線：緑、から、塗り：緑／線：白、に入れ替わりました。

152　塗りと線の切り替えの操作は、オブジェクトを選択している状態で切り替えるとオブジェクトに適用されます。

313　塗りと線をカラーに切り替える

［ツールバー］▶カラー

塗りまたは線を［カラー］にします。［カラー］パネル 238 も表示されます。

314　塗りと線をグラデーションに切り替える

［ツールバー］▶グラデーション

塗りまたは線を［グラデーション］にします。［グラデーション］パネル 240 も表示されます。

315　塗りなし／線なしに切り替える

［ツールバー］▶なし

塗りまたは線を［なし］にします。

316　塗りと線を初期設定に戻す

［ツールバー］▶初期設定の塗りと線

塗りまたは線を初期設定（塗りは白、線は黒）に戻します。

317 前面へペーストする

編集▶前面へペースト

コピー元と同じ位置で、選択中のオブジェクトの1つ前面に貼り付きます。何も選択していない場合は最前面に貼り付きます。

318 背面へペーストする

編集▶背面へペースト

コピー元と同じ位置で、選択中のオブジェクトの1つ背面に貼り付きます。何も選択していない場合は最背面に貼り付きます。

319 同じ位置にペーストする

編集▶同じ位置にペースト

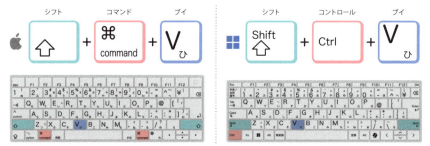

コピー元と同じ位置に貼り付きます。複数のオブジェクトがある場合は最前面に貼り付きます。

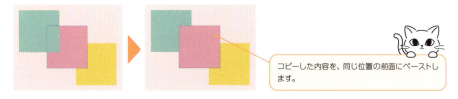

コピーした内容を、同じ位置の前面にペーストします。

通常のペースト 003 は、表示領域の中央に貼り付きます。

320 すべてのアートボードにペーストする

編集 ▶ すべてのアートボードにペースト

コピーした内容が、他のアートボードの同位置に貼り付きます。

同じオブジェクトがまとめてペーストされました。操作後は、最後のアートボード内にあるオブジェクトが選択された状態となります。

合わせ技 すべてのアートボードに同じオブジェクトをペーストする

260	004	320
[選択]ツール	選択 ▶ カット	すべてのアートボードにペースト
[選択]ツールに切り替える	オブジェクトを選択する❶ ▶ オブジェクトをカットする❷	すべてのアートボードにペーストする❸

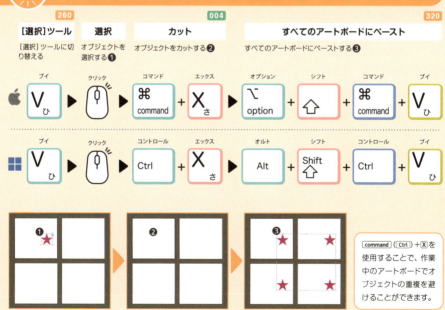

command（Ctrl）+ X を使用することで、作業中のアートボードでオブジェクトの重複を避けることができます。

Illustrator

いろいろなコピー&ペースト／選択

321 書式なしでペーストする ▶▶ 2倍

編集 ▶ 書式なしでペースト

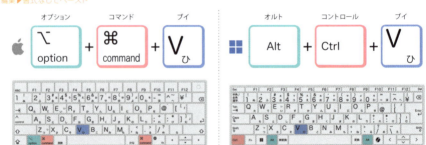

コピー元の書式を無視して、貼り付け先の書式に合わせる形でテキストを貼り付けることができます。

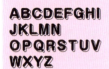

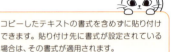

コピーしたテキストの書式を含めずに貼り付けできます。貼り付け先に書式が設定されている場合は、その書式が適用されます。

322 現在作業中のアートボード上のすべてを選択する ▶▶ 2倍

選択 ▶ 作業アートボードのすべてを選択

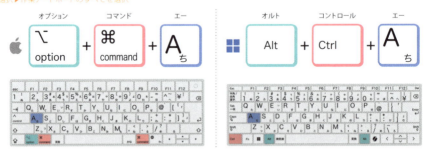

現在作業しているアートボード上のすべてのオブジェクトを選択します。

右図のように、複数のアートボードで作業している場合に、作業しているアートボード上のオブジェクトのみすべて選択されます。

156 書式とは、文字や段落のデザインに関する設定全般のことです。例えば、文字の大きさ、書体、段落の設定、などです。

323 選択を解除する

選択 ▶ 選択を解除

オブジェクトの選択が解除されます。

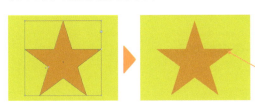

オブジェクトの外側をマウスでクリックすることなく選択を解除できます。

合わせ技 書式をコピー先に揃えてペーストする

260		002		321
[選択]ツール	**テキスト選択**	**テキストをコピー**	**コピー先を選択**	**コピー先に書式なしでペーストする**
[選択]ツールに切り替える	テキストを選択する❶	テキストをコピーする	ダブルクリックしてテキスト編集可能な状態にする❷	コピー先の書式設定に揃えた状態でペーストする❸

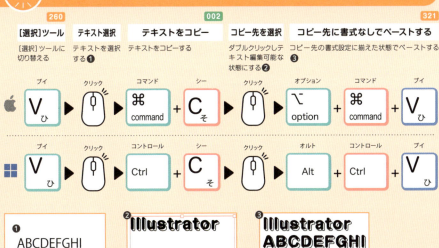

よく使うニャ！

157

324 再選択する

選択 ▶ 再選択

[選択]メニューの[共通]で選択した条件で再度選択します。該当条件がない場合は有効になりません。

325 前面にあるオブジェクトを選択する

選択 ▶ 前面のオブジェクト

選択中のオブジェクトの前面のオブジェクトを順番に選択します。

326 背面にあるオブジェクトを選択する

選択 ▶ 背面のオブジェクト

選択中のオブジェクトの背面のオブジェクトを順番に選択します。

327 オブジェクトをグループ化する

オブジェクト▶グループ

選択したオブジェクトをグループ化します。

選択したオブジェクトをグループ化します。グループ化されたオブジェクトは[レイヤー]パネルのサブレイヤーでも[グループ]と表示されます。

328 オブジェクトのグループを解除する

オブジェクト▶グループ解除

 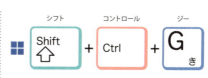

選択したグループを解除します。

選択したグループが解除され、個々のオブジェクトに戻りました。

159

329 オブジェクトをロックする

オブジェクト▶ロック▶選択

選択したオブジェクトをロックします。ロックされたオブジェクトはレイヤーに錠アイコンが表示されます。

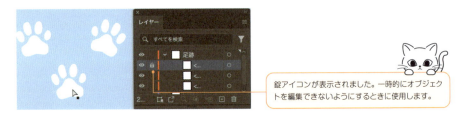

錠アイコンが表示されました。一時的にオブジェクトを編集できないようにするときに使用します。

330 オブジェクトのロックを解除する

オブジェクト▶すべてをロック解除

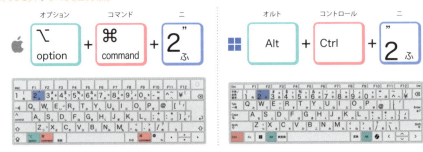

選択したオブジェクトのロックを解除します。

錠アイコンが非表示になりました。ロックをかけた後は解除も忘れないように行いましょう。

331 オブジェクトを隠す ▶▶▶ 3倍

オブジェクト ▶ 隠す ▶ 選択

選択したオブジェクトを非表示にします。

332 オブジェクトを表示する ▶▶▶ 2倍

オブジェクト ▶ すべてを表示

非表示のオブジェクトを見える状態に戻します。

333 オブジェクトを移動する ▶▶▶ 3倍

オブジェクト ▶ 変形 ▶ 移動

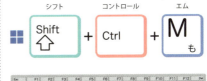

[移動]ダイアログボックスを表示します。移動する方向や距離などを設定できます。

[移動]ダイアログボックスでは、水平と垂直方向からの移動距離、移動距離の直接入力、角度などの設定ができます。

161

334 [個別に変形] ダイアログボックスを表示する

オブジェクト ▶ 変形 ▶ 個別に変形

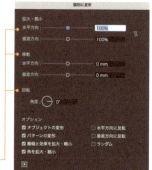

[個別に変形] ダイアログボックスを表示します。

拡大・縮小の%、移動距離、回転角度など、変形に関する動作を個別に設定できます。

335 変形を繰り返す

オブジェクト ▶ 変形 ▶ 変形の繰り返し

直前に行った変形を繰り返します。移動、回転、拡大縮小、リフレクトなどの変形が適用されます。

直前に実行された変形を繰り返します。このように、同じオブジェクトを回転させるときにも使用できます。

162

336 選択したオブジェクトを前面へ移動する ▶▶▶ 3倍

オブジェクト▶重ね順▶前面へ

選択したオブジェクトを1つ前面に移動します。

337 選択したオブジェクトを背面へ移動する ▶▶▶ 3倍

オブジェクト▶重ね順▶背面へ

選択したオブジェクトを1つ背面に移動します。

合わせ技 オブジェクトを同じ距離と角度で移動する

260		333		335
[選択]ツール	選択	[移動]ダイアログボックスを表示	移動を確定	移動を繰り返す
[選択]ツールに切り替える	オブジェクトを選択する❶	[移動]ダイアログボックスを開き、[垂直方向]を「5mm」、[移動距離]を「-5mm」にする❷	[コピー]ボタンを選択する❸	command（Ctrl）+Dを3回実行して同じ条件での移動を繰り返す❹

同じ移動を繰り返したい、というときに使う組み合わせです。[移動]ダイアログボックス内項目はtabでも移動できます。

338 選択したオブジェクトを最前面に移動する

オブジェクト▶重ね順▶最前面へ

選択したオブジェクトを最前面に移動します。

339 選択したオブジェクトを最背面に移動する

オブジェクト▶重ね順▶最背面へ

選択したオブジェクトを最背面に移動します。

340 クリッピングマスクを作成する

オブジェクト▶クリッピングマスク▶作成

クリッピングマスクを作成します。クリッピングマスクは重なり合った前面のオブジェクトで背面のオブジェクトを切り抜く機能です。

前面にある白い円形の形状で、クリッピングマスクを作成しました。

341 クリッピングマスクを解除する

オブジェクト▶クリッピングマスク▶解除

クリッピングマスクを解除します。

クリッピングマスクを解除しました。マスクの円形の形状は通常のオブジェクトに戻りました。

合わせ技 指定の形状でクリッピングマスクを作成する

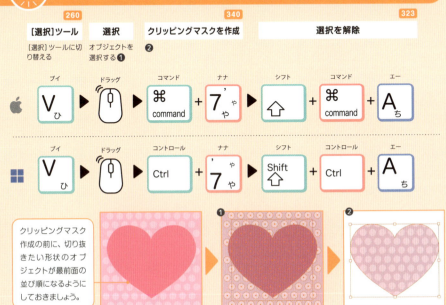

クリッピングマスク作成の前に、切り抜きたい形状のオブジェクトが最前面の並び順になるようにしておきましょう。

342 パスを連結する

オブジェクト▶パス▶連結

選択したオブジェクトの開いたパスを連結します。

オープンパスを連結しました。このように少し隙間の空いたパスを連結する際に有効です。

343 ［平均］ダイアログボックスを表示する

オブジェクト▶パス▶平均

［平均］ダイアログボックスで、選択中の複数のアンカーポイントの、平面上の位置を揃えることができます。水平、垂直、2軸から揃えたい方向を選択できます。

選択したアンカーポイントが平均化されました。この場合は中央に集まりました。

344 複合パスを作成する ▶▶▶ 3倍

オブジェクト ▶ 複合パス ▶ 作成

選択したオブジェクトを複合パスにします。

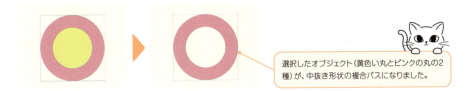

選択したオブジェクト(黄色い丸とピンクの丸の2種)が、中抜き形状の複合パスになりました。

345 複合パスを解除する ▶▶▶ 3倍

オブジェクト ▶ 複合パス ▶ 解除

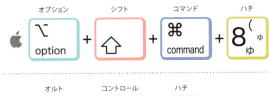

選択したオブジェクトの複合パスを解除します。

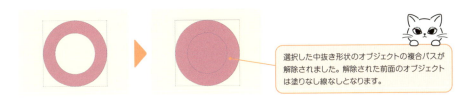

選択した中抜き形状のオブジェクトの複合パスが解除されました。解除された前面のオブジェクトは塗りなし線なしとなります。

346 オブジェクトをブレンドする

オブジェクト▶ブレンド▶作成

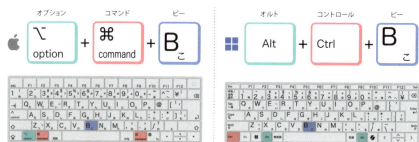

選択中のオブジェクトをブレンドします。

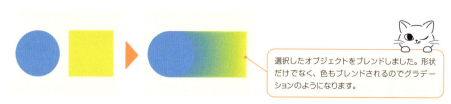

選択したオブジェクトをブレンドしました。形状だけでなく、色もブレンドされるのでグラデーションのようになります。

347 ブレンドを解除する

オブジェクト▶ブレンド▶解除

選択したオブジェクトのブレンドを解除します。

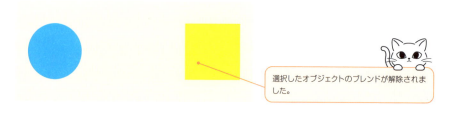

選択したオブジェクトのブレンドが解除されました。

348 ［ワープオプション］ダイアログボックスを表示する ▶▶▶

オブジェクト▶エンベロープ▶ワープで作成

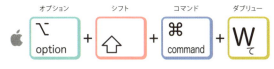

［ワープオプション］ダイアログボックスを表示します。選択したオブジェクトを円弧やアーチといったスタイルに変形できます。

変形するスタイルや方向のほか、変形の度合いを設定できます。

349 ［エンベロープメッシュ］ダイアログボックスを表示する ▶▶▶

オブジェクト▶エンベロープ▶メッシュで作成

［エンベロープメッシュ］ダイアログボックスを表示します。選択したオブジェクトに適用するメッシュの数を設定できます。

エンベロープメッシュとは、オブジェクトを網目で変形する機能です。このダイアログボックスでは網目の細かさを行数と列数で設定します。行数や列数が多いほど細かく変形できます。

350 エンベロープをほかのオブジェクト形状で適用する

オブジェクト ▶ エンベロープ ▶ 最前面のオブジェクトで作成

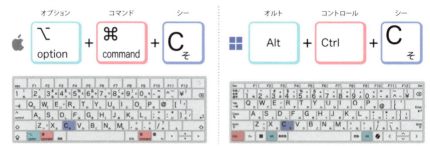

重なり合った前面のオブジェクトの形に沿って、背面オブジェクトにエンベロープを適用します。

コーヒーカップの形状に合わせて、文字にエンベロープを適用しました。

351 ライブペイントグループを作成する

オブジェクト ▶ ライブペイント ▶ 作成

選択したオブジェクトのライブペイントグループを作成します。

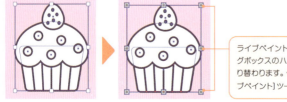

ライブペイントグループが作成されると、バウンディングボックスのハンドルがラインの入った大きい形状に切り替わります。作成したライブペイントグループは[ライブペイント]ツール 361 で塗りつぶせます。

352　［パターンオプション］パネルを表示する　▶▶▶ 3倍

オブジェクト▶パターン▶パターンを編集

［パターンオプション］パネルを表示し、パターン編集の
ワークスペースに切り替わります。パターン名や種類、サ
イズなどを設定できます。作業中のアートボードにパター
ンオブジェクトがある状態で実行できます。

> パターンの並びかたや大きさなどを、プレビューで確認しなが
> ら編集できます。［完了］をクリックすると編集が確定します。

353　［生成ベクター］ダイアログボックスを表示する　▶▶ 2倍

ファイル▶生成ベクター（Beta）

［生成ベクター］ダイアログボックスを表示します。生成ベク
ターとは、Illustrator上で利用できる生成AI機能で、プロンプ
トを入力することでグラフィックを生成できます。

> ［プロンプト］に指示を入力し、コンテンツの種類やスタ
> イルを選んで［生成］ボタンをクリックすると、グラフィック
> が生成されます。

354 前回の効果を適用する

効果▶前回の効果を適用

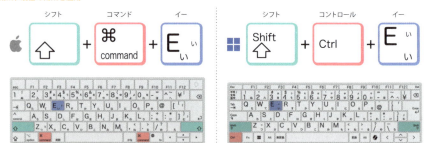

直前に使用した効果を、現在選択中のオブジェクトに適用します。

左図では、左のオブジェクトに設定したドロップシャドウを、右のオブジェクトに適用しました。

355 前回設定した効果のダイアログボックスを表示する

効果▶前回の効果

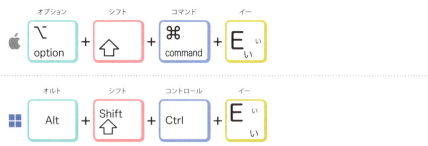

直前に使用した効果のダイアログボックスを表示します。直前に使用した効果を編集して適用したい場合に使用します。該当の効果がない場合は表示されません。

356 制御文字を表示する ▶▶ 2倍

書式 ▶ 制御文字を表示

制御文字の表示・非表示を切り替えます。表示にするとスペースや改行などを表す記号類が表示されます。余分なスペースの確認や、タブ調整などを行うときに使用します。

左図では、AとBの間にスペースの記号、Cのあとに改行を表す記号が表示されています。

357 フォントサイズを大きくする ▶▶ 2倍

[文字]パネル ▶ フォントサイズを設定

選択した文字のサイズを2ポイントずつ大きくします。

Illustratorのショートカットを覚えよう。

Illustratorのショートカットを覚えよう。

選択した文字が大きくなりました。連続して大きくしたいときは shift + command （ Ctrl ）を押しながら . を連続して押します。左図は2回押した状態です。

358 フォントサイズを小さくする

[文字]パネル▶フォントサイズを設定

選択した文字のサイズを2ポイントずつ小さくします。

359 カーニング／トラッキングを大きくする

[文字]パネル▶文字間のカーニングを設定／選択した文字のトラッキングを設定

カーニング（文字同士の間隔）またはトラッキング（選択した文字列全体の文字詰め）を大きくします。横書き文字／縦書き文字どちらも同様に大きくなります。

360 カーニング／トラッキングを小さくする

[文字]パネル▶文字間のカーニングを設定／選択した文字のトラッキングを設定

カーニングまたはトラッキングを小さくします。横書き文字／縦書き文字どちらも同様に小さくなります。

361 カーニング／トラッキングをリセットする

[文字]パネル▶文字間のカーニングを設定／選択した文字のトラッキングを設定

カーニングまたはトラッキングをトラッキングを0に戻します。

文字の単位は、[環境設定]ダイアログボックスの[単位] 195 で変更できます。

362 行送りを広くする

[文字]パネル▶行送りを設定

選択した文字列の行送り（行の間隔）を広くします。横組み文字・縦組み文字で同様に広くなります。

このように選択した文字列の行の間隔が広くなりました。

合わせ技　文字サイズと行送りを一気に調整する

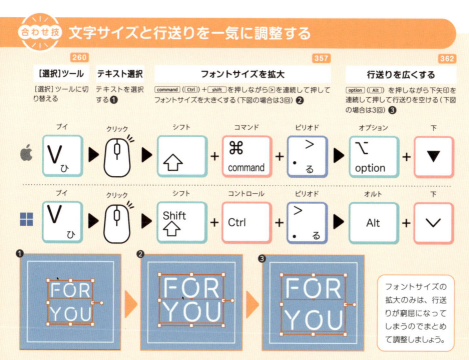

フォントサイズの拡大のみは、行送りが窮屈になってしまうのでまとめて調整しましょう。

363 行送りを狭くする

[文字]パネル ▶ 行送りを設定

選択した文字列の行送りを狭くします。横組み文字・縦組み文字で同様に狭くなります。

このように選択した文字列の行の間隔が狭くなります。

364 ベースラインを上げる

[文字]パネル ▶ ベースラインシフトを設定

選択した文字列のベースラインを上げます。縦組みの場合は右方向に移動します。

365 ベースラインを下げる

[文字]パネル ▶ ベースラインシフトを設定

選択した文字列のベースラインを下げます。縦組みの場合は左方向に移動します。

366 EMスペースを挿入する ▶▶▶

書式 ▶ 空白文字を挿入 ▶ EMスペース

カーソル位置にEMスペースを挿入します。EMスペースとは選択している文字サイズのスペースのことです。

367 ENスペースを挿入する ▶▶▶

書式 ▶ 空白文字を挿入 ▶ ENスペース

カーソル位置にENスペースを挿入します。ENスペースとはEMスペースの半分の幅のスペースのことです。

368 細いスペースを挿入する ▶▶▶

書式 ▶ 空白文字を挿入 ▶ 細いスペース

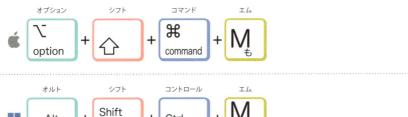

カーソル位置に細いスペースを挿入します。細いスペースとはEMスペースの8分の1の幅のスペースです。

テキストカーソルを入れた状態でこのキーを押すと、EMスペースの8分の1の幅のスペースが挿入されます。

369 任意ハイフンを挿入する ▶▶▶▶ 4倍

書式▶特殊文字を挿入▶ハイフンおよびダッシュ▶任意ハイフン

カーソル位置に任意ハイフンを挿入します。任意ハイフンは、欧文の1つの単語が、行をまたいで分かれてしまう際の手動調整として使用します。[段落]パネルメニューの[ハイフネーション]にチェックが入っている状態で有効になります

370 [スペルチェック]ダイアログボックスを表示する ▶▶▶ 3倍

編集▶スペルチェック▶スペルチェック

[スペルチェック]ダイアログボックスを表示します。選択したテキストのスペルチェックを行います。

371 文字をアウトライン化する ▶▶ 2倍

書式▶アウトラインを作成

選択した文字列をアウトライン化します。アウトライン化した文字はオブジェクトに変換されます。

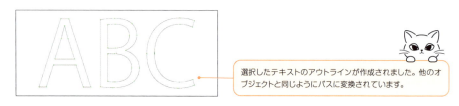

選択したテキストのアウトラインが作成されました。他のオブジェクトと同じようにパスに変換されています。

文字をアウトライン化しないで編集したい場合は、[文字タッチ]ツール 270 を使いましょう。

372 段落を左揃えにする

[段落]パネル▶左揃え

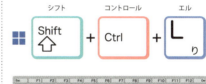

選択した段落を左揃えにします。

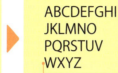

選択した段落が左揃えになりました。

合わせ技 ページ全体の文字をまとめてアウトライン化する

330 ロックを解除	001 すべてを選択	371 アウトライン化する
ロックを解除してロックが適用されている文字がない状態にする	ページ全体の文字をすべて選択する❶	文字をアウトライン化する❷

ページ全体の文字をまとめてアウトライン化したいときに使う組み合わせです。ロックがかかっているとアウトラインが適用されませんので、ロックを解除してから、すべて選択して適用漏れがないようにしましょう。

373 段落を中央揃えにする

[段落]パネル ▶ 中央揃え

選択した段落を中央揃えにします。

374 段落を右揃えにする

[段落]パネル ▶ 右揃え

選択した段落を右揃えにします。

375 段落を均等配置にする

[段落]パネル ▶ 均等配置(最終行左揃え)

選択した段落をテキストボックスに合わせて均等配置(最終行左揃え)にします。エリア内テキストの状態で適用されます。

選択した段落がテキストボックスに合わせた均等配置になりました。

段落の調整のショートカットはPhotoshopとIllustratorで同じキーが割り当てられています。文字の調整と一緒に覚えましょう。

376 段落を両端揃えにする

[段落]パネル▶両端揃え

選択した段落をテキストボックスに合わせて両端揃えにします。エリア内テキストの状態で適用されます。

選択した段落がテキストボックスに合わせた両端揃えになりました。

合わせ技 段落の揃えを変更する

260	373	323
[選択]ツール	段落の中央揃え	段落の選択を解除
[選択]ツールに切り替える	段落を選択する❶	段落を中央揃えに変更する❷	選択を解除して作業を終了する

段落揃えの変更で使用する組み合わせです。段落の選択は[選択]ツールも有効です。

一緒に覚えよう！

Finder ／ エクスプローラー ／ OSのショートカットキー

最後に、Photoshop ／ Illustratorのデザイン作業時によく使用するファイル管理アプリケーションFinder(Mac) ／ エクスプローラー(Windows)と、macOS ／ Windows 11のショートカットキーの一部を紹介します。一緒に覚えて作業効率UPにつなげましょう。

377 コピーする

Mac：編集▶コピー　　　　　　　　　　　　　　Windows：[エクスプローラー]ウィンドウ▶コピー

選択したファイルやフォルダをコピーします。コピーのあとでペースト 378 を行うと複製されます。

378 ペーストする

Mac：編集▶ペースト　　　　　　　　　　　　　Windows：[エクスプローラー]ウィンドウ▶貼り付け

コピー 377 やカットしたファイルやフォルダを貼り付けます。

379 新規フォルダを作成する

Mac：ファイル▶新規フォルダ　　　　　　　　　Windows：[エクスプローラー]ウィンドウ▶新規作成▶フォルダー

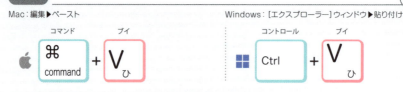

現在の場所に新しいフォルダを作成します。デザインデータ作成の前に新規フォルダを作成してデータを管理しましょう。

380 検索する

Mac：ファイル▶検索　　　　　　　　　　Windows：[エクスプローラー]ウィンドウ▶検索ボックス

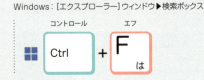

項目を検索できます。Finderはウィンドウ右上の[検索フィールド]に、エクスプローラーはウィンドウ右上の[検索ボックス]にカーソルが移動するので、検索したいテキストを入力します。

381 削除する

Mac：ファイル▶ゴミ箱に入れる　　　　　Windows：[エクスプローラー]ウィンドウ▶削除

選択したファイルやフォルダをゴミ箱に移動します。ゴミ箱に入れた項目は自動では削除されません。また、戻したいときはゴミ箱からほかのフォルダに移動することで使用できるようになります。

382 アプリケーションを切り替える

Mac：Dock▶各アプリケーション　　　　Windows：タスクバー▶各アプリケーション

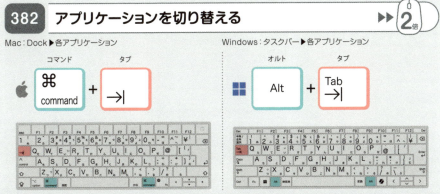

起動しているアプリケーションを切り替えることができます。command（Alt）を押し続けながらtabを押すごとにアプリケーションが切り替わります。PhotoshopとIllustratorなど、複数のアプリケーションを起動して作業するときに使用します。

Menu
Photoshopのメニュー 一覧

【Photoshop2025】メニュー ※1

【ファイル】メニュー ※2

【編集】メニュー ※3

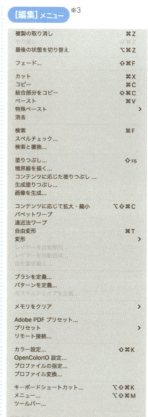

【イメージ】メニュー

【レイヤー】メニュー

※1 このメニューはMac版のみにあります。
※2 Windows版の[終了] 012 はこのメニューにあります。
※3 Windows版の[環境設定] 018 はこのメニューにあります。

画面はMacのものです。各ショートカットキーのメニュー操作の起点の参考にしてください。

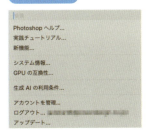

Menu
Illustratorのメニュー 一覧

※1 このメニューはMac版のみにあります。
※2 Windows版の[終了]は 012 はこのメニューにあります。
※3 Windows版の[環境設定]は 194 はこのメニューにあります。

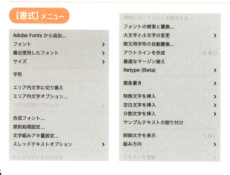

画面はMacのものです。各ショートカットキーのメニュー操作の起点の参考にしてください。

[選択] メニュー

すべてを選択	⌘A
作業アートボードのすべてを選択	⌥⌘A
選択を解除	⇧⌘A
再選択	⌘6
選択範囲を反転	
前面のオブジェクト	⌥⌘]
背面のオブジェクト	⌥⌘[
共通	▶
オブジェクト	▶
オブジェクトモード一括選択	
選択範囲を保存...	
選択範囲を編集	
選択範囲を呼出	

[効果] メニュー

前回の効果を適用	⇧⌘E
前回の効果	⌥⇧⌘E
ドキュメントのラスタライズ効果設定...	
Illustrator 効果	
3D とマテリアル	▶
SVG フィルター	▶
スタイライズ	▶
トリムマーク	
パス	▶
パスの変形	▶
パスファインダー	▶
ラスタライズ...	
ワープ	▶
形状に変換	▶
Photoshop 効果	
効果ギャラリー...	
ぼかし	▶
アーティスティック	▶
スケッチ	▶
テクスチャ	▶
ビデオ	▶
ピクセレート	▶
ブラシストローク	▶
変形	▶
表現手法	▶

[表示] メニュー

CPU で表示	⌘E
アウトライン	⌘Y
オーバープリントプレビュー	⌥⇧⌘Y
ピクセルプレビュー	⌥⌘Y
トリミング表示	
プレゼンテーションモード	
スクリーンモード	▶
校正設定	▶
色の校正	
ズームイン	⌘+
ズームアウト	⌘-
アートボードを全体表示	⌘0
すべてのアートボードを全体表示	⌥⌘0
ビューを回転	▶
ビュー回転の初期化	⇧⌘1
選択範囲に合わせてビューを回転	
スライスを隠す	
スライスをロック	
バウンディングボックスを隠す	⇧⌘B
透明グリッドを表示	⇧⌘D
100% 表示	⌘1
ライブペイントの隙間を表示	
グラデーションガイドを隠す	⌥⌘G
コーナーウィジェットを隠す	
境界線を隠す	⌘H
スマートガイド	⌘U
遠近グリッド	▶
アートボードを隠す	⇧⌘H
プリント分割を表示	
テンプレートを隠す	⇧⌘W
定規	▶
テキストのスレッドを隠す	⇧⌘Y
ガイド	▶
グリッドを表示	⌘Y
グリッドにスナップ	⇧⌘Y
ピクセルにスナップ	
ポイントにスナップ	⌥⌘Y
グリフにスナップ	
新規表示...	
表示の編集...	

[ウィンドウ] メニュー

新規ウィンドウ	
アレンジ	▶
Exchange でエクステンションを検索...	
ワークスペース	▶
エクステンション	▶
✓ アプリケーションフレーム	
アプリケーションバー	
✓ コンテキストタスクバー	
コントロール	
ツールバー	▶
✓ ヘルプバー	
3D とマテリアル	
CC ライブラリ	
CSS プロパティ (非推奨)	
Retype (Beta)	
SVG インタラクティビティ	
アクション	
アセットの書き出し	
アピアランス	⇧F6
アートボード	
カラー	F6
カラーガイド	⇧F3
グラデーション	⌘F9
グラフィックスタイル	
コメント	
シンボル	⇧⌘F11
スウォッチ	
ドキュメント情報	
ナビゲーター	
バージョン履歴	
パスファインダー	⇧⌘F9
パターンオプション	
ヒストリー	
ブラシ	F5
プロパティ	
モックアップ	
リンク	
✓ レイヤー	F7
分割・統合プレビュー	
分版プレビュー	
変形	⇧F8
変数	
属性	⌘F11
情報	⌘F8
整列	⇧F7
書式	▶
生成されたバリエーション	
生成パターン (Beta)	
画像トレース	
線	⌘F10
自動選択	
透明	⇧⌘F10
グラフィックスタイルライブラリ	▶
シンボルライブラリ	▶
スウォッチライブラリ	▶
ブラシライブラリ	▶
✓ _data.ai @ 91.12 % (CMYK/プレビュー)	

187

Photoshopの主なパネル

本書で紹介する各ショートカットキーのうち、パネルを起点とする場合の参考にしてください。

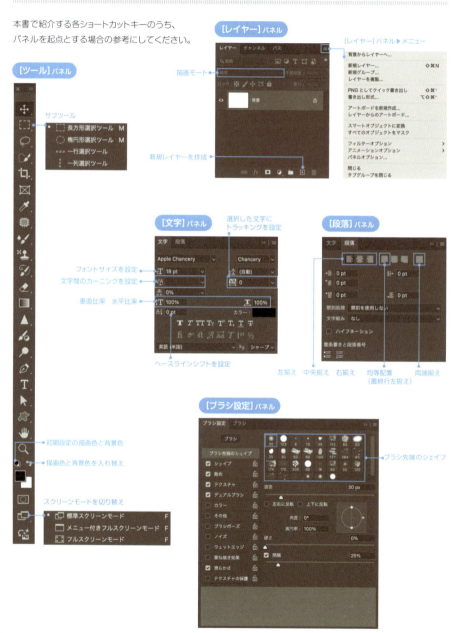

Illustratorの主なパネル

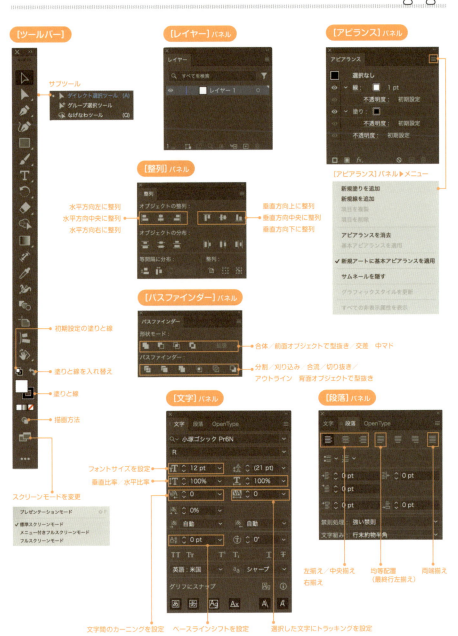

Index
索引

アルファベット・数字

100%サイズで表示	30
Bridge	36、110
CameraRaw	98

あ

アートボード	119
アクション	45
アピアランス	126、134
アンカーポイント	137
移動ツール	65
オブジェクトをグループ化	159
オブジェクトをロック	160

か

ガイド	42、114、115
[画像解像度]ダイアログボックス	33
カット	23
[環境設定]ダイアログボックス	32
[カンバスサイズ]ダイアログボックス	32
キーボードショートカット	34、108
クイックマスクモード	74
グラデーションツール	146
グリッド	41、117、118
クリッピングマスク	86、164、165
消しゴムツール	69、142
コピー	22

さ

再選択	84、158
自動選択ツール	136
自由変形モード	89
定規	42
新規ファイル	24
新規レイヤー	49、133
ズームツール	73、149、150
スクリーンモード	75、151
スポイトツール	147
選択ツール	135

た

ダイレクト選択ツール	135
[段落]パネル	131

手のひらツール	72、148、149
[トーンカーブ]ダイアログボックス	92
ドキュメント設定	107
取り消す	39、111

な

なげなわツール	65、136
塗りと線	152、153

は

バウンディングボックス	122
[パスファインダー]パネル	128
[パッケージ]ダイアログボックス	113
描画色	75、76
ファイルを閉じる	25
ファイルを配置	109
ファイルを開く	24
ファイルを保存	26
複合パス	167
フォントサイズ	100、173、174
ブラシサイズ	80
ブラシ設定パネル	46
ブラシツール	68、140
プリント	28
ペースト	22
ペンツール	70、136

ま

文字ツール	138
[文字]パネル	131
文字をアウトライン化	178

や

やり直す	39

ら

ライブペイント	145、170
[レイヤー]パネル	47、129
レイヤーをグループ化	50
レイヤーを結合	52
レイヤーを複製	50
レイヤーをロック	53
[レベル補正]ダイアログボックス	91

著者

Power Design Inc.

東京に拠点を置くデザイン会社。
常時 20 名前後在籍のデザイナーがそれぞれ個性を活かし、
グラフィック事業とプロダクト事業の 2 つの分野を柱に幅広く活動。
https://www.powerdesign.co.jp

スタッフ

カバーデザイン	沢田幸平 (happeace)
カバーイラスト	pino
本文デザイン・DTP	中村敬一／清水さな江／齋藤仁美／松永尚子／布施雄大／國井あゆみ
校正	株式会社聚珍社
デザイン制作室	今津幸弘
編集	今井あかね
副編集長	田淵 豪
編集長	柳沼俊宏

本書のご感想をぜひお寄せください
https://book.impress.co.jp/books/1124101048

読者登録サービス
CLUB impress

アンケート回答者の中から、抽選で図書カード(1,000円分)
などを毎月プレゼント。
当選者の発表は賞品の発送をもって代えさせていただきます。
※プレゼントの賞品は変更になる場合があります。

■商品に関する問い合わせ先

このたびは弊社商品をご購入いただきありがとうございます。本書の内容などに関するお問い合わせは、下記の URL または二次元バーコードにある問い合わせフォームからお送りください。

https://book.impress.co.jp/info/

上記フォームがご利用いただけない場合のメールでの問い合わせ先
info@impress.co.jp

※お問い合わせの際は、書名、ISBN、お名前、お電話番号、メールアドレス に加えて、「該当するページ」と「具体的なご質問内容」「お使いの動作環境」を必ずご明記ください。
なお、本書の範囲を超えるご質問にはお答えできませんのでご了承ください。

●電話や FAX でのご質問には対応しておりません。また、封書でのお問い合わせは回答までに日数をいただく場合があります。あらかじめご了承ください。

●インプレスブックスの本書情報ページ https://book.impress.co.jp/books/1124101048 では、本書のサポート情報や正誤表・訂正情報などを提供しています。あわせてご確認ください。

●本書の奥付に記載されている初版発行日から 3 年が経過した場合、もしくは本書で紹介している製品やサービスについて提供会社によるサポートが終了した場合はご質問にお答えできない場合があります。

■落丁・乱丁本などの問い合わせ先
　FAX 03-6837-5023　service@impress.co.jp
※古書店で購入された商品はお取り替えできません。

フォトショとイラレの
ショートカットキー&合わせ技事典 Mac&Win対応

2025 年 3 月 11 日 初版発行

著者	Power Design Inc.
発行人	高橋隆志
編集人	藤井貴志
発行所	株式会社インプレス
	〒 101-0051 東京都千代田区神田神保町一丁目 105 番地
	ホームページ https://book.impress.co.jp/
印刷所	株式会社暁印刷

本書は著作権法上の保護を受けています。本書の一部あるいは全部について（ソフトウェア及びプログラムを含む）、株式会社インプレスから文書による許諾を得ずに、いかなる方法においても無断で複写、複製することは禁じられています。

本書に登場する会社名、製品名は各社の登録商標です。
本文では ® や ™ は明記しておりません。

Copyright © 2025 Power Design Inc. All rights reserved.

ISBN978-4-295-02109-4 C3055
Printed in Japan